文通天下

突 破 认 知 的 边 界

破局

林子树 著

光明日报出版社

图书在版编目（CIP）数据

破局 / 林子树著 . -- 北京：光明日报出版社，

2024. 7. -- ISBN 978-7-5194-8066-0

Ⅰ . B848.4-49

中国国家版本馆 CIP 数据核字第 20247TW953 号

破局

PO JU

著　　者：林子树

责任编辑：谢　香　　　　　　　　　责任校对：孙　展

特约编辑：胡　峰　何江铭　　　　　责任印制：曹　净

封面设计：于沧海

出版发行：光明日报出版社

地　　址：北京市西城区永安路 106 号，100050

电　　话：010-63169890（咨询），010-63131930（邮购）

传　　真：010-63131930

网　　址：http://book.gmw.cn

E - mail：gmrbcbs@gmw.cn

法律顾问：北京市兰台律师事务所龚柳方律师

印　　刷：河北文扬印刷有限公司

装　　订：河北文扬印刷有限公司

本书如有破损、缺页、装订错误，请与本社联系调换，电话：010-63131930

开　　本：170mm×240mm　　　　　　印　张：16

字　　数：180 千字

版　　次：2024 年 7 月第 1 版

印　　次：2024 年 7 月第 1 次印刷

书　　号：ISBN 978-7-5194-8066-0

定　　价：58.00 元

目录

认知破局
打破认知枷锁，更好成就自我

兼职只为赚钱，未来可能越来越难　　　　002

警惕！这三种短线思维正在毁掉你　　　　006

不要相信一夜暴富　　　　010

认知不足，很难破局　　　　015

有这种思维的人，未来不可期　　　　019

门槛太低的钱，真不好赚　　　　024

真正的牛人，不会用一只眼睛看世界　　　　028

懂得花钱买时间，才能变得更富有　　　　032

自控力破局
你的自律，决定着你的一生

越努力，真的会越幸运　　　　038

盲目自律，只会徒增痛苦　　　　043

你的自律，决定了你的人生　　　　　047

低水平重复，会让你的人生更难　　　　051

对自己狠一点，才能赢得人生　　　　　055

自律的人，都是生活的主人　　　　　　059

间歇性自律的人，真的走不远　　　　　063

心态破局

扛过难熬的日子，方能变得更强

让你越来越强大的几个好心态　　　　　068

依靠别人，不如投资自己　　　　　　　072

真正优秀的人，会努力活出自我　　　　076

坚持到底，才会逆风翻盘　　　　　　　079

挺过黑暗，就会迎来光明　　　　　　　082

人这一生，拼的是扛事能力和自愈能力　086

越是难熬，越要做精神高贵的人　　　　089

心态好的人，都有这三种习惯　　　　　093

行动破局
行动，是改变一切的开始

改变邋遢的外表，灵魂才能更有趣　　100

你并不是缺能力，而是缺执行力　　106

真正的高手，不会左顾右盼　　109

有梦想的人很多，但行动的却很少　　112

你的活路，需要自己拼出来　　116

三分钟热度的人，很难有未来　　120

干掉拖延症，世界就是你的　　124

蓄力破局
懂得给自己蓄力，才能更好地前进

人在低谷时，这种能力很重要　　130

这些小事能让人瞬间快乐　　133

这几个习惯会让你变得更好　　137

坚持读书，拥有更多可能　　141

丢掉玻璃心，你才能走得更远　　146

身在低谷，想赢就要拥有这几种能力　　149

善于利用时间，才能更好破局　　153

一个人走上坡路的两种迹象　　157

情绪破局

稳定的情绪，是破局的法宝

善待自己，少生气	162
厉害的人，都是能控制情绪的人	166
停止内耗，方能走出情绪牢笼	171
你的情绪决定你的一生	175
降低期待，就会有好情绪	179
太在意别人的情绪，是种社交内耗	183

人际关系破局

突破人际困境，自信行走江湖

人到中年，有些人要及时远离	188
人际交往中应掌握的几条规则	192
会让你败光好人缘的口头禅	196
维持好的人际关系，不要这样做	200
早明白这几条规则，才不会被困	204
欺骗，会让人际关系变得更差	208
人际交往中，这三种行为是大忌	212

职场破局

打破职场困境，实现个人价值

职场精英不会碰的几个禁区　　　218

职场跳槽，该怎么做　　　223

职场遭遇辞退，该怎么做　　　227

远离玩套路的公司　　　231

在职场，玻璃心要不得　　　235

职场中，把平台当本事是大忌　　　239

原来，这才是职场中拉开差距的原因　　　243

认知破局

打破认知枷锁，更好成就自我

思想决定行动，行动决定命运。你的认知能力，决定着你的人生上限。认知如果永远停留在脚下的方寸之间，那你无论走了多远的路，都只是在原地打转。

兼职只为赚钱，未来可能越来越难

你的身边是否有一些"励志哥""励志姐"，他们结束一天的工作后，马上做兼职，拼命地透支身体，为了多赚点钱什么都不在乎。

大多数人会被身边这样的人感动，觉得他们太励志了，殊不知这是笨办法。如果一个人不停地工作赚钱却耽误了学习，又透支了身体，那么他就会丧失很多可能性。

◎拼命兼职，会拖垮身体

明知道透支身体后果很严重，但很多年轻人为了钱依然如此。他们拼命兼职，最后不仅没有实现自己的人生价值，反而累垮了身体。

看了微博上卡卡的分享，笔者终于知道，透支身体后果有多严重。

卡卡是一个拼命兼职的姑娘，她每天都睡很晚，熬夜成了家常便饭。

有一天她熬夜到第二天一点多，睡醒起来时，突然发现自己不对劲。先是脖子剧痛，不到三秒钟，后脑勺突然间像针扎一样一阵阵地疼，伴随而来的是后脑内部一阵寒流。身上也开始出冷汗，一层一层地出，短短几秒，手臂上的汗竟然滴到了地板上。

由于意识还清醒，卡卡立刻打电话叫了救护车，住进重症监护室。医院下了病危通知，父母也做了最坏的打算。

好在最终她只是脑内多处毛细血管出血，主血管暂时没有危险，躺了9天之后，慢慢清醒过来。

但不是每个人都可以像她这么幸运，有些人能幸运地醒来，可有些人却再也醒不来了。

从此之后，卡卡意识到了透支身体的危害，她现在调整了作息规律，不再拼命兼职，也终于懂得健康才是最重要的。

兼职赚钱当然值得肯定，但要有一个度，不要超过身体的承受极限，否则就得不偿失了。

◎ 牺牲学习时间赚钱，是最笨的办法

如果你一直在工作，那么自然没有太多的时间学习，短期来看你可能会赚到一些钱，但长此以往会因小失大。

赚钱并不是一蹴而就的，而是需要一个过程，有钱人的生活普通人随着年龄的增长也能过上，但除钱之外的东西却再也回不来了。

聪明的人绝对不会因为要赚钱而做一些毫无意义的事情，因为他们知道这根本不值得。

笔者认识一个年轻人，工资一个月3000元，要租房要坐车还要吃饭消费，日子过得紧巴巴。时间长了他便想通过兼职多赚点钱，于是到处寻找兼职。

因为兼职多，他赚到了一些钱，但却牺牲了学习时间。后来，那些曾经不如他的人都找到了好的工作，而他依然是老样子，因为缺乏

学习，思维跟不上，他也慢慢在和这个时代脱节。

当你正在成长的时候，千万不要想着拿时间换小钱，一个人最重要的技能就是学会分清主次，分清什么该做，什么不该做，只有认真对待本职工作，提升自己的核心竞争力，才会有一个好的开端。

巴菲特曾说："人生就是不断抵押的过程，为前途我们抵押青春，为幸福我们抵押生命。"

当然这句话有个前提，你得有东西可抵押。否则，你能抵押的就只有时间、精力、生命了，而这么做就是最笨的投资。

◎兼职赚钱的人，可能不懂得规划人生

这几年"斜杠青年"特别火，"斜杠青年"是指那些不再满足于单一职业和生活方式，而是拥有多重职业和身份的年轻人。似乎一个人只要"斜杠"了就能赚到钱，就是生活的强者，殊不知这不过是没有规划好。

不可否认，跨界成功的例子的确很多。比如，世界闻名的"斜杠"代表——特斯拉老总马斯克，既是工程师、慈善家，又创立了特斯拉、支付巨头PayPal、太空探索公司SpaceX，还拥有多家研发家用光伏发电产品的企业。

"斜杠"代表给我们造了一种假象，觉得只要"斜杠"就能赚到钱，于是很多年轻人不管不顾，一头扎了进去，殊不知这才是最笨的行为。

◎ 打铁必须自身硬，有核心技能才是关键

经济学上有一个词叫"机会成本"，是指为了得到某个东西而要放弃另一些东西的最大价值。真正聪明的人绝对不会为了钱去选择没有任何技术含量的体力兼职，更不会为了这个而放弃学习的时间，因为他们知道这样会毁了自己。

麦瑞克曾在《双重职业》中说："大多数'斜杠'，需要经过时间的洗礼和岁月的磨砺，从基础做起，逐渐成就卓越。只有在坚实的基础上，才能进一步添砖加瓦，'斜'出特色，'杠'上开花。"

这世上任何东西都是需要交换的，如果你把时间用在兼职上，那么可能一辈子都只会低水平重复，而且身体状况也会很糟糕。如果你把时间用在学习上，那么可能会有质的变化，实现跳跃式发展。

不可否认，在现在的大环境下，我们都很焦虑，所以想尽快实现自己的价值，但一个人的价值并不是兼职能体现的。

有很多人只要听到有人兼职赚到钱，就蜂拥而上，完全不考虑自身的情况。这种缺乏核心技能的兼职，不过是自欺欺人，搬起石头砸自己的脚罢了。

罗马不是一天建成的，钱也没有一天赚够的，既然赚钱是一个长期的过程，那么为什么不提升自己，让自己变得更强大，从而赚轻轻松松的钱呢？

当你具备了核心技能，那么你才能赚到更多的钱，才能更好地实现自我价值。

人生很短，别再用时间做兼职换小钱了，不如用这些时间认真学习，让自己成为一个更加值钱的人。

警惕！这三种短线思维正在毁掉你

这段时间，笔者发现很多年轻人特别容易陷入焦虑中：工作不顺利焦虑，暂时实现不了自身的价值焦虑，甚至连每天要吃什么都焦虑。

为什么会有那么多年轻人焦虑呢？其实，原因就是没有规划好人生。

很多人急于达成目标，可是，越着急往往越难实现；越着急失败的可能性就越大，几次失败后就会更焦虑。

当焦虑累积到一定程度，就会怨天尤人，甚至会崩溃。

这个世界上最缺的是脚踏实地的人，可很多人都不想脚踏实地，只想一口吃成个胖子。反观那些成功的人，都是一步一个脚印走出来的。

如果一个人有这三种短线思维，那么他很难实现自己的价值，成为行业里的翘楚。

◎机会主义是陷阱，会害了你

笔者先说下什么样的人是机会主义者。这个问题其实很简单，即有些人看到某个机会，就像抓住救命稻草一样，拼命地把握这个机会。他把握这个机会的目的也很简单，就是要大捞一笔钱，捞完就走。一旦这个机会溜走，那么他们也会马上抽身，再去寻找下一个机会。

这些人从来没想过脚踏实地，他们做的都是投机取巧的事，他们想要的是跳过所有的过程，直接就获得好的结果。

笔者见识过这样的机会主义者，他们幻想一夜暴富，成为最牛的人。

有个朋友，房价上涨的时候他跟着炒房，但却没有赚到钱。听到有什么好项目，他根本不做风险分析，就直接投资，结果惨败而归。

失败的次数多了，朋友开始怨天尤人，自我否定，仿佛自己是世上最可怜的人。反观那些脚踏实地的人，他们一步一个脚印，稳扎稳打，很多早就取得了自己想要的结果。

一个人一直幻想能抓住一次快速致富的机会，到头来只会害了自己。

把握机会没有错，但要分析风险；当机会走了就更要认真地去找原因，而不是自怨自艾。如果一直做个机会主义者，那么注定会跌入失败的深渊。

◎ 速成，是你人生的大坑

生活中，速成主义者大有人在，他们都幻想一步登天。

他们太想成功，完全忘了我们的一生有多长，忽略了路要一步一步走，饭要一口一口吃。

荀子曾说："不积跬步，无以至千里。"道理他们都懂，但就是做不到。

当看到身边的人都成功时，他们更着急，觉得自己时运不济，自己不成功都是世界的错，好像成功是世界欠自己的。

这些人都是目光短浅的人，他们做什么事情都着眼于眼前，如果事情做完不能立竿见影，那么他们就会焦虑，仿佛自己被欺骗了一样。焦虑后又更加自卑，心态会发生翻天覆地的变化。

他们对周围环境、老板都不满意，觉得自己受到了欺负，这种状态导致他们很难沉下心去学习和成长，不能满腔热情地投入工作中，甚至会产生负面的影响。

如果任由这种情况持续下去，最后他们的人生之路只会越走越艰难。

◎不做犹豫不决的人

这类人有一个很大的特点：既无法彻底放弃想要到达的地方，又无法下定决心走上船去，于是就一直犹豫着。

笔者因工作原因认识这样一个人。他一直想创业，但就算万事俱备了也不敢辞职，一方面怕辞职没着落，另一方面内心又迫切想创业。蹉跎了几年后，早他几年创业的朋友成功了。面对别人的成功，他还是不敢，觉得自己不可能有对方的运气，正是这份犹豫让他离成功越来越远。

这类人有一个很大的特点，那就是事情不确定，他们都不敢去做。但在任何时候，任何人的未来都不可能有确定性。未来只有在发生的时候，也就是变成"现在"的时候，才有真正的结果。

如果一个人不去做，一直靠想，那么怎么可能会获得成功呢?

环顾四周，你会发现，你身边有很多人都是爱犹豫的人，他们会为自己的投入找出 N 个理由。一件事情只要看不到最终结果，那么他们绝对不会轻易迈出步子。

他们在等待一切好的结果，但是当他们看到时，机会早就没了。而如果没有很好的保障，没有看得到的前途，他们绝对不会真正投入。于是，陷入死循环。

事实上，这三种短线思维，有任何一种都会毁掉你，让你无法实现自己的价值，一辈子在谨慎中不敢迈出第一步，注定碌碌无为。

◎ 这么做，才能靠近成功

既然知道了危害，那么就要想办法摒弃这三种短线思维。作为新时代的年轻人，我们应该怎么做呢?

记住一个要点:年轻的时候要脚踏实地，不要幻想一步登天，也不要犹豫不决、过于小心谨慎，我们要在准备好的时候认真地去做。

对自己，我们要狠心;对工作，我们要认真。

在人的一生中，千万不要想速成，因为速成表面上看似很风光，实际上会彻底毁了自己，当一个人习惯了赚快钱，那么他就很难脚踏实地了。

我们都还年轻，没必要活得很谨慎，想要得到真正的自由，就要忍住寂寞，学会认真，减少时间上无意义的消耗，争取让自己的价值最大化。

不要相信一夜暴富

《奇葩说》第五季有一期的辩题是：一夜暴富是不是一件好事？

辩手詹青云的回答，引起了大家的共鸣。她说一夜暴富是一种能力，而这种能力是可以培养的，换言之如果你相信一夜暴富，那么就会为了这个目的去锻炼自己的能力。

比如你相信买彩票就一定能中大奖，那么你就会持之以恒地买彩票。因为迷恋一夜暴富，有些人信奉干得好不如嫁得好，有些人依然相信中了大奖要先给对方汇钱的洗脑逻辑。

因为完全相信一夜暴富，所以才会不停地买彩票，所以才会动不动就被"喜提法拉利"的传销语俘获。越相信一夜暴富是好事，就会越容易陷入骗局。

如果你的目的只是拿工资，那么你完全没有必要找一份累但是能让自己学到东西的工作，因为在你的眼里钱才是最重要的。

网络上有一句话，说："何以解忧，唯有暴富！"难道暴富真的就是好事吗？一个人，一直寻找所谓的致富捷径，而完全忽略了这个过程，一直渴望结果的享受，却从来不为这个结果去拼命努力，实在是可悲。

在一些人的价值观里，好像暴富能解决一切问题似的。事实上，暴富并不是天上掉的馅饼，而是你人生的陷阱。如果你没有驾驭超过自身能力几十倍甚至几百倍财富的能力，又缺乏足够的定力，最后的结局只能是悲剧。

◎总想着一夜暴富，会毁了自己

笔者曾在网上看过一条令人啼笑皆非的新闻。

一名男子买彩票后查询开奖号码，凭记忆认为自己中了500万元，于是请来一班好友庆祝了一个晚上，不仅花光身上所有积蓄，还透支了信用卡。醒酒后才发现号码记错了，然后痛苦万分。

这条新闻其实很典型，因为他陷入自己构建的一夜暴富的童话里，所以当这个童话破灭时，他只有痛苦。

还有条新闻说的是有个小伙子很幸运地买彩票中了1000万元，可他并不知道钱要怎么花，所以在四年的时间内挥霍一空，最后比以前更穷了。

悲哀的是，他过惯了一掷千金的生活，再也不愿意脚踏实地地赚钱了。为了博一把，他竟然利用信用卡恶意透支20万元，想通过买彩票翻身。当然，等待他的不是翻身，而是冰冷的手铐。

一夜暴富的人和那些自己打拼取得财富的人最本质的区别是，后者是滚雪球，雪球越来越大，而前者只能等待一点一点融化的雪球。

上帝欲让谁灭亡，必先让其疯狂。一直痴迷暴富，就是一个普通人疯狂的开始。如果一个人一直想通过暴富改变生活，那么他们的人生会更加不幸。

◎ 无法驾驭财富，是一种灾难

黄渤自导自演的第一部电影《一出好戏》讲了一个荒岛求生的故事，实际上也是财富神话破灭的故事。

马进一直暗恋公司员工姗姗，但他自卑懦弱，不敢跟姗姗表白，觉得自己根本配不上她。他觉得自己能接近姗姗的唯一方式就是有钱，所以一直买彩票，幻想一夜暴富。

在公司团建的路上，马进发现自己的彩票中了6000万元大奖，就在这一刻，他内心充满了底气，开始在车上疯狂起来。后来他们在海上遇到大风浪，流落到了一座无名荒岛，马进天天盼着离开，因为兑奖的日子越来越近了。

然而他终究是没能出去，从开始的疯狂到最后的无奈，马进彻底被击垮了。但他不知道，姗姗想要的根本不是钱，而是一份真正的爱情。

我们对一夜暴富有多渴望，结局就会有多绝望，信奉一夜暴富只会让我们的生活更加痛苦，让我们失去人生奋斗的动力，陷入一夜暴富的泥泞里无法自拔。

就像詹青云说的："千万不要以为疲惫生活和英雄梦想之间只隔着一夜暴富的距离，一夜暴富好短好快，让我们以为梦想触手可及，殊不知这才是世界上最遥远的距离。"

很多穷人觉得上天不公，没有给他一夜暴富的机会，殊不知这才是上天对他最大的保护。财富是一种资源，当你的财富超越了你对财富的驾驭能力时，可能会变成一种灾难。

◎ 你的认知，决定你的财富

笔者以前看过一个故事。

有个穷人在佛祖面前哭泣，诉说着他的生活有多艰辛，抱怨这个世界不公平，为什么有钱人可以什么都不干还那么有钱，而穷人就要天天累得半死还解决不了自己的温饱！

佛祖听到后，反问他："那你觉得怎样才算公平啊？"

穷人忙说："我要让富人和穷人一样没有钱，和我干一样的活，要是富人还是富人，那我就不再埋怨了！"

佛祖微笑着说道："那好吧。"于是就把一位富人变得和穷人一样穷，并且给了他们每人一座煤山，每天的食物可以用挖出来的煤卖的钱来买，不过需要一个月之内把煤山挖完。

实际上佛祖把发财的机会给他们了，但是穷人面对这个巨额财富（煤山）不知所措，他能做的就是借助这个财富改善自己的生活，把卖煤的钱都用来享受而已。而富人则不是，他只是简单地解决温饱问题，并坚信自己还可以更富，所以把赚到的钱攒了起来。

一个月很快就过去了，穷人只挖了冰山一角，每天赚的钱都拿来买好吃的、好喝的，没有想过要存钱。而富人半个月前就指挥工人挖光了煤山，赚了很多钱，他又用这些钱做了买卖，很快又成了一个富人。

现实中，如果你没有规划金钱的能力，就算让你暴富也没有用，早晚有一天你会坐吃山空。如果你不脚踏实地，一直幻想自己会一夜暴富，那么只会让你的生活更加痛苦。

认知决定行为，行为决定所处的层次。信息爆炸的现代社会，不同层次的人的差距正变得越来越大，如果不提升自己的认知，只想通过一夜暴富来改变自己，这才是世界上最悲哀的事情。

◎ 提升层次，才能成为财富的主人

相信一夜暴富或者说暴富一定是坏事吗？答案自然也是否定的。

事实上在很多时候，我们都渴望变富，因为我们穷怕了——如果你没有穷过，那么永远无法体会那种撕心裂肺的感觉。也只有穷过，你才会觉得人生真的好难，才会觉得这个世界特别不公平，世界上那么多人，贫穷的为何是你自己？

萧伯纳说："当最大的危险，即贫穷的危险萦绕在每个人的头脑中时，所有的都不重要了。"

我们要知道，君子爱财，取之有道，暂时的贫穷，你可以通过自己的努力改变的，你可以通过学习改变自己的命运，向身边优秀的人靠拢，把自己价值最大化。

拥有一夜暴富的想法并不可耻，就怕你一直陷入一夜暴富的陷阱里无法自拔，再也不去努力，过着自欺欺人、得过且过的生活，如果真是这样，那才是最可悲的。

只有时刻不忘学习，想尽一切力量改变自己，我们才能从容不迫地面对人生。利用到手的财富去实现自己的梦想，提升自己的人生层次，最终成为财富的主人，不是很好吗？

认知不足，很难破局

我们这一生都在为自己的认知买单。每个人都有自己的知识盲区，简单来说，我们能做成认知内的事，做不成认知外的事。

因此只有持续不断地突破认知，提升自己的能力，才能更好地完成与自己匹配的事，从而让自己的人生价值最大化。

◎ 人一辈子，都在为认知买单

前段时间，笔者看了一则新闻。有一对夫妻因为乘坐高铁多次恶意逃票被刑拘。这对夫妻为了省钱，每次外出都只买前几站，然后买短乘长。

他们觉得只要没被抓到就赚了，即便一不小心被抓到了也就是补票的事，没什么大不了的，所以多次恶意逃票。

当他们被民警查到时，两人已累计逃票570元。钱并不多，他们也以为补票就没事了，没想到被送进了看守所，并被纳入失信名单，限制180日内不得乘坐高铁、动车。

倘若一开始这对夫妻就知道恶意逃票会遭到这么重的惩罚，肯定就不会逃了。他们本以为占了便宜，殊不知因为自己的认知吃了大亏。

德国哲学家叔本华曾说："世界上最大的监狱，是人的思维。"事实上真是如此，认知越低的人，看事情越浅，他们容易被表象迷惑，不能透过现象看到本质，喜欢固执己见，不考虑后果，最终只能困在自己的认知牢笼里。

◎认知层次，决定了你看世界的高度

每个人所站的高度不同，看到的世界自然也不同。

当你站在山脚下时，看到的可能只是几百米处的山石；当你站在半山腰时，看到的可能是远处的美景；当你站在山顶俯瞰时，所有的一切尽收眼底，才知道原来山巅的景色这么美。

简单来说，一个人的认知能力决定了他能走多久，能取得什么样的成就。

经典电影《教父》当中有一句非常牛的台词："花半秒钟就看透事物本质的人和花一辈子都看不清事物本质的人，注定是截然不同的命运。"

由此可见，一个人提升自己的认知层次非常重要，这决定着自己的人生上限。

想提升认知层次，就要破除认知壁垒。这犹如春蚕破茧、凤凰涅槃，虽然会很疼，但只有经历过这些疼痛的洗礼，自己的认知才会更上一层楼。

◎提高认知能力，让自己变得更优秀

如果你仔细观察会发现：认知能力高的人特别善于学习，博采众长，看待事物更客观。

他们会用多元化的角度去看待人或事，他们有自己的思想和观点，不会人云亦云，有极强的判断力。

无论工作还是生活中，提升认知能力都非常重要，那么我们应该如何提升认知能力，让自己变得更优秀呢？

首先，多读好书。很多时候，我们就是想得太多，读书太少，与其苦苦思索不得其解，还不如拿出时间多读书来提升自己。

当你具备了一定的知识，认知也自然会提高，你所能做成的事也就更多了。

其次，多交往认知层次高的朋友。有人说，影响一个人认知水平的因素有很多，其中就包括社交圈。学会开放自己的圈子，唯有这样才能接触多元文化，更好地丰富自己。

简单来说，多交往认知层次高的人，对你的认知提升有很大的帮助。

最后，学会纵观全局。花时间从全局的角度去思考问题，你会发现思路完全不一样，你会发现什么才是最关键的事情，从而做出更理性的判断。

亚马逊公司创始人贝索斯曾说："如果你做每一件事时把眼光放到未来三年，和你同台竞技的人会很多；但是如果你的目光能放到未来七年，那么可以和你竞争的就很少了。"

思想决定行动，行动决定命运。你的认知能力，决定着你的人生上限。认知如果永远停留在脚下的方寸之间，那你无论走了多远的路，都只是在原地打转。

唯有不断拓宽认知，人生的格局才会慢慢打开，内心的困惑才会不断减少，你也才会变得更加优秀，不是吗？

有这种思维的人，未来不可期

在人生这条道路上，有人非常顺利，有人却举步维艰，明明很努力，最后的结果却不尽如人意，本来对人生充满斗志，期待自己变得更强，却没想到，最后竟然成了一个"废柴"，找不到未来，也看不到希望。

有人说，人这一生会遇到很多机遇，抓住机遇的人会改变自己，抓不住机遇的人则会让机会白白流失。其实每个人都不是天生的"废柴"，而是慢慢变成了"废柴"，如果你具备下面这几点，那么记得一定要改变。

◎ 拒绝改变

笔者很欣赏一句话："穷不是你的错，但是穷太久就是你的错了。"有时候我也在想这个问题：是什么导致你我以及身边的人这么穷？答案似乎很明显，如果一个人具备了穷人思维，那么他就很难实现自己的价值。

曾经我们确实很穷，而且这个穷的基数不小，大多数人都很穷。

网上有这样一个段子：以前，每户人家墙上都挂着一条咸鱼，一家人围着一盘咸菜扒拉着白饭。低头吃一口饭，抬头看一眼鱼，就算是吃着肉了。孩子忍不住多看了一眼，父亲就要责骂他贪婪。

你可能觉得他们没出息，但是那个时候谁也没有办法，鸡鸭鱼肉那是大户人家吃的，平常百姓有咸菜吃就不错了。

我们老祖宗过怕了穷日子，所以非常节俭。笔者的父亲就是这样一个人，母亲买来水果，好的他不吃，偏偏吃烂的，烂一个吃一个，宁愿吃坏肚子也不舍得扔掉，越省越穷。

笔者的父母是地道的农民，过着日出而作日落而息的日子，每年他们都会种麦子，收获后一直放到缸里存着，不舍得卖。有一年房子漏了雨，麦子泡水了，然后卖了一个极低的价钱。

很多人之所以变废就是因为穷人思维。什么是穷人思维呢？笔者认为是：害怕风险，拒绝改变；喜欢节省，追求稳当。

如今生活条件好了，笔者的父亲并没有改变多少，物质生活上来了，幸福指数却没有，天天想一堆没用的，最后只会让自己更累。

穷不可怕，穷人思维才可怕。

◎ 接收低密度信息，不愿深度思考

笔者有个朋友很有意思，当大家都在努力进取改变自己的时候，他却只知道享受生活，经常吃喝玩乐，喜欢看娱乐八卦，对网红明星更是如数家珍。

有时候和他谈一些重要的事情，他就会矫情地说："这些事情多费脑子呀，我还是不思考的好，你们愿意思考就思考吧，反正我是不管了。"

大学毕业后，他就一直接收低密度信息，完全沉浸在无须动脑的娱乐和视频八卦上，思维非常迟钝。他不愿意接收高密度的信息，一直觉得思考是一件很痛苦的事。

笔者这个朋友从来没有危机感，只是沉浸在自己安逸的生活中，慢慢地，他和大家的差距越来越大，成了大家眼中的"废柴"。

一个人如果想获得进步，那么一定要主动接收真正有价值、能让人进步的信息，要努力地思考消化。如果一直被动地接收或者排斥，那么也就基本失去了进步的可能性，最终会沦为"废柴"。

◎ 嫉妒心强，目中无人

著名作家尤里·邦达列夫曾说："不应嫉妒天才人物，就像不应该嫉妒太阳一样。"这句话其实也可以这么理解：不应该嫉妒任何人，就像不应该嫉妒太阳一样。

可是生活中，并不是每个人都能做到，他们总是到处嫉妒别人，不仅恶心了别人，也伤害了自己。

因为经常写文章，所以笔者有很多文友群。有一次，笔者把一篇文章发到群里，有位文友直言不讳地说："你写的什么乱七八糟的，这样的文有人看吗？"

这篇文章的转载量非常多，可以说是笔者的公众号之最，但没想到在他这里却成了烂文。笔者本来想回答，但想想还是忍住了，一来，没有那么多时间；二来，话不投机半句多。

如果一个人对你妒忌了，那么你说什么都是多余的，他会想尽一切办法来驳倒你，让他的歪理战胜你的真理，但是大家的眼睛是雪亮的。

日本心理学家诧摩武俊曾说："嫉妒能使亲密的好友翻脸，双方都会受到伤害，可以说，它是一种令人无可奈何的感情，象征着人性的弱点与丑恶的一面。"

如果一个人有极强的嫉妒心，目中无人，觉得谁都不如自己，那么这个人注定会成为"废柴"，甚至废到连燃烧的可能性都没有。

◎ 过度依赖，不想独立

依赖是一种病，不想独立的人病得不轻，遇到事情他们首先想到的不是自己去解决，而是寻求别人的帮助，对自己也没有半点信心。

有一个故事这样说。

李哥有个朋友要买车，两人一起去买，然后李哥帮他开了回来。但这哥们天生胆小，又喜欢依赖别人，一直不敢开车，只要有事就给李哥打电话。刚开始李哥碍于情面不好意思拒绝，但最后他越来越过分。

李哥说："既然不敢开，那就别买啊！再说，谁不是从不会到会的，一直依赖别人，能有大出息吗？"

对于李哥的话笔者深表赞同，确实是这样，很多人特别喜欢依赖别人，失去了别人仿佛失去了自己的四肢，完全没有行动的能力。

居里夫人曾说："我们应该有恒心，尤其要有自信心！我们必须相信我们的天赋是用来做某种事情的，无论代价多大，这种事情必须做到。"

每个人的潜能都是无限的，如果你努力去做，对自己有足够的信心，那么成功一定会在不远处向你招手。可你偏偏不，非得依赖别人，变成"废柴"，岂不悲哉？

◎ 习惯错位，麻痹自己

生活中有很多这样的人，喜欢用自己长处去对比别人的短处。

他们和胖子比自己的身材，和矮子比自己的身高，总之这种人只会拿自己的长处说事。他们每次比较都觉得自己有优势，所以会沾沾自喜，觉得自己才是最棒的人。

实际上这不是明显的自欺欺人吗？但他们根本不顾忌这些，只会用这些来麻痹自己，得过且过地生活。

对于很多工作，你苦闷，你焦虑，你困惑，你习惯了错位，从没想过改变，从来没有从零开始的勇气。你不停地劝自己，觉得自己做得很好，然而事实呢？

真正聪明的人，会拿自己的短处比别人的长处，让自己变得更加强大，具备更强的能力。如果你一直在习惯错位，一直在麻痹自己，那么就要马上做出改变，否则你注定成为"废柴"。

一个具备独立思考能力的人，一定会改变自己，甚至能改变这个世界。

如果可以，请学会改变自己，未来有无限可能，希望你能绽放属于自己的光彩。

门槛太低的钱，真不好赚

不知你有没有发现，越来越多的年轻人受不了打工的苦，开始崇尚"唯老板论"。

他们觉得打工不仅赚得少，而且还辛苦，拼命工作却得不到想要的东西，于是想着诗与远方的创业。

他们到处寻找着商机，希望借助低门槛的生意实现逆风翻盘。

◎ 有些低门槛生意，其实是骗局

有个人受够了打工的苦，于是就在网络上寻找加盟项目。由于没有见识，也没有文化，他只能找些低门槛的生意。

在网络平台上，每个小生意都被美化得特别好，仿佛只要你从事它，就会赚得盆满钵满。

后来，这个人用几年打工的积蓄投资了一家奶茶店，但因为管理方式不当和品牌小众，根本没有多少顾客来光顾。

折腾了大半年，积蓄也花光了，生意也没做起来。

很多年轻人以为低门槛生意是馅饼，殊不知这才是真正的陷阱。因为各种原因，大多数人都想从事低门槛生意，但赚到钱的人少之又少。换句话说，有些低门槛生意就是一个彻头彻尾的骗局。

做生意是有风险的，如果你没有做好充分的准备，那么千万不要尝试，尤其是一些低门槛的生意，一旦亏本，就会让自己的生活陷入泥沼之中。

◎ 人云亦云不是精明

老张是做烟酒批发生意的，做了十几年。用老张的话来说，这一行就是干个苦力活，天天把货倒来倒去赚个小差价。

虽然差价比较小，但是老张店的位置好，而且他为人比较灵活，所以生意一直不错。正因为如此，有几个朋友也开始做批发生意。

几个朋友本以为能赚到钱，但是最后发现利润实在是微薄，甚至连房租都付不起。

其实，任何生意都赚钱，但要看怎么做。低门槛的生意因为做的人多，很难实现突破，如果你想要取得自己的一席之地，那么一定要付出代价。

天下从来没有容易的事情，躺着就把钱赚了，根本不现实。

很快，盲目做批发生意的人开始抱怨，觉得自己命不好，为何别人能轻松做成，而到自己做却难如登天？

那是因为他们一开始就没做过调查，只是人云亦云。别人有客源，而你压根没有，放在一起竞争，你必然要输。

做低门槛生意的人，一定要三思而后行，只有做好调研，一步一步稳稳地走来，才能拨开云雾见天晴，把钱赚到手。

可能有人会问：低门槛生意不能做吗？答案是否定的，只要不触及法律，这世上就没有不可做的生意，但可做并不是重点，怎么做才是核心。

等你懂得怎么做了，那么思维和格局就都打开了，赚钱也是自然的事情。

◎ 思维打开，你就会赚钱

知乎上一个网友的分享，让人深有感触。

这位朋友从事开锁行业，毕业后他找了个卖锁的店面上班，在这期间学到了开锁的技巧。后来开始做帮人开锁的生意。

他说做这一行经常会遇到各种需要开锁的事情：有忘带钥匙的，有被砸的，还有抢房子换锁的……

一开始他只做自己小区的生意，虽然生意不错，但还不是很赚钱。后面他开始宣传并且代理一些品牌的锁，宣传后，生意逐渐变好了。

现在他每天能接到10—20单，1单50元。有时候看见别人的锁旧了或者坏了，又顺便推销一下锁。换锁的话至少200元，成本大约50元，利润非常大。生意好了，后面慢慢就开始招人、招学徒。

现在这位分享者的月收入大概5万元。

很显然，开锁是一个低门槛的生意，你只开锁，也就只能赚取一些基本的生活费用，很难实现价值最大化。

这世上所有的行业都是息息相关的，既然要开锁，那么就要换锁，思维打开了，不仅赚开锁的钱，还赚换锁的钱，还赚带徒弟等方方面面的钱，又何愁赚不到钱呢？

由此可见，即便是低门槛的生意，只要做好了，也会赚到钱。有时候并不是行业不行，而是思维的问题，思维一旦打开了，那么赚钱就容易多了。

◎ 真正的智者，会让价值最大化

有人说，把单调的事情重复做，那么这个人就是智者。对于这一点，笔者并不赞同。这就好比低门槛生意，如果你没有调查好，而是人云亦云，那么你只能是愚者。

真正的智者是能预见风险的，他们会最大程度规避风险，从而实现自己的价值。

生活中，不论是打工还是做小老板，都要突破常规思维，也只有这样才能让价值最大化，才能做到常人所不能及。

如果你觉得低门槛的生意也能赚到钱，笔者不相信；如果你觉得低门槛的生意赚不到钱，笔者还是不相信。为什么呢？因为能否赚到钱不在门槛，而在于人。

愿你能打破思维，赚个盆满钵满，实现自己的人生价值。

真正的牛人，不会用一只眼睛看世界

"连眼前的苟且都做不好，还谈什么诗与远方？"一直以来，我们都被这句话捆绑，拼命地努力，诗与远方却成了更大的奢侈。

说好的诗与远方，仿佛只是在梦里。但事实上真是这样吗？

◎ 平衡好生活，才会有诗与远方

其实，那些厉害的人不见得比你强多少，但是他们懂得平衡苟且与远方。既能好好努力工作赚钱，也能潇洒转身寻找远方。

很多时候，我们一直以为人生非黑即白，其实并非如此。

人生的幸福确实不能只从物质的福利中获得满足，但优渥的物质条件会为精神生活提供良好的养分。学会平衡两者的关系，别只用一只眼睛看世界，那么你会生活得更加幸福。

有位分享者因为平衡好了这种关系，活出了我们羡慕的样子。

他带着5万元的积蓄去新西兰打工旅行，回来时，带去的钱分文未动，还带回来20多万元。本来他以为出去之后，这点钱会很快花完，但没想到结果大相径庭。

他说："从来没想到，一个人不仅能做自己喜欢的事情，而且还能赚钱，这真的太幸福了。"对于他的话，笔者太有感触了。

很多年轻人的固有思维是：能赚点就赚点。他们拼了命地赚钱，等到休息的时候，就肆无忌惮地挥霍，在暂时的诗与远方中追寻自己所谓的梦想。

这些人从来没想过旅行的途中也可以打工赚钱，从来没想过在追寻诗与远方的时候还能让生活变得更好。

◎ 最好的省钱方式，是赚钱

有多少年轻人嘴里说着梦想，但却一直在苟且，每当和别人谈起时，甚至不敢直面现实。因为这么多年来，他从来没有实现过。

说好的旅行，成了一句空话，工作成了最大的借口，压力像大山一样压来，拼命努力却不尽如人意。

而有些人却活得特别滋润，在保证生活质量的同时追寻了远方，感受到了生活的美好。

工作和远方需要维持一种平衡，当你懂得维持后，你会发现这一切实现起来根本没有那么难。

很多时候我们无法维持这种平衡，这就是思维的问题。

一旦没有了苟且的根基，那么诗与远方不过是一句空话，甚至会让你陷入生活的万丈深渊中。一旦没有了远方的梦想，苟且只能让你麻木到绝望。

前几年，流行穷游，花最少的钱玩最多的地方。于是有很多年轻人就出去了，到一个陌生的地方，他们想的是怎么省钱，而不是在这个地方赚钱。

无论怎样省，钱终究会花掉，而且生活还过得不舒服。因为这个"省"，好好的旅行变成了一场折磨。

有的人，会边赚钱边旅行，他们打破了固有的思维，让旅行变得更加快乐。

一个人靠省钱是过不好生活的，最好的方式并不是省钱，而是赚钱，只有你赚到了钱，生活质量才会提升，诗与远方才能更好地实现。

一个整天只知道省钱的人，想必这辈子不会赚什么大钱；一个只想省钱的人，也自然而然地失去了赚钱的思维。

◎两只眼看世界，你才会更牛

世界那么大，每个人都想去看看，但一定要记得带着尊严去，看完后一定要记得回家……

不要抱怨别人比你强，那是因为他们的思维跟你的完全不同，他们知道这个世界是多元化的。面对多项选择的人生，他们懂得先认真体验，才负责地选择。

省钱从来不是他们考虑的，因为"省"预示着这一切就没有意义了。

很多人一直过着朝九晚五的生活，信奉着非黑即白的生活。试想一下，如果一个人一直朝九晚五地上下班，那么买了房子和车子又如何，他的思想还是贫瘠的，在他的世界里，诗与远方永远都是奢侈。

再者，一个人不顾物质基础，辞职去流浪，肆无忌惮地挥霍，不懂得赚钱，那么就算从南极到了北极又怎样呢？

没有任何一种生活方式是天然带有原罪的，人生从来不是用来设限的，你要做的是打破固有的限制，而这需要你的思维作出本质的改变。

那种自己做不好，还一堆理由的人，容易招人厌烦。如果一个人真的厉害，那么请把两只眼睛都睁开，别只用一只眼看世界，别把思维僵化了，别动不动就说放弃，去努力平衡好自己的生活。

如果真能那样，你完全可以过既朝九晚五，又可以浪迹天涯的生活，不是吗？

懂得花钱买时间，才能变得更富有

◎有限的时间，要花在刀刃上

有一种思维叫"富人思维"，其核心就是花钱买时间。从社会调查来看，几乎都是能力强的人在花钱买时间，能力弱的人一直在消费时间。

事业有成的人在圈子里会达成一个共识：能买的不自己做，能外包的绝不亲力亲为。他们知道时间的宝贵，因为这是不可再生资源。

强者会把时间花在读书、学习上，而绝对不会花在网聊、追剧上，因为汲取知识对他们来说极为重要，而拿出时间做一些无聊的工作，根本没有意义。

一个人对时间价值的选择，决定了他的未来，如果把时间花在了刀刃上，那么一定会成为行业里的佼佼者，有一个辉煌的未来，反之会很快淹没在人群中，成为大多数的普通人。

那么，怎样花钱买时间呢，举个例子。

当你遇到一个困扰了自己很久的问题，迟迟得不到解决时，你就要学会花钱请教专业人士，问题自然会迎刃而解，自然会省下大量时间。但如果你自己闷头思考，则会花掉大量的时间，还可能无法解决问题。

比如有人要健身，那么他则愿意花钱去健身房。虽然网上一堆健身的帖子和技术动作可以随便照着做，但这是不明智的，因为对于健身零基础的人来说，不懂健身，盲目地锻炼可能会把自己的身体弄伤。

但健身房就不同了，教练花了那么多时间去研究、实践，绝对可以让你少走很多弯路。他会根据你的体质，为你制订合理的训练方案，并且会告诉你哪些动作是错的，哪些是不需要去练的，什么才是正确的健身理念。专业的人会给你一整套很系统的专业训练。

有些人的工作效率很低，因为他花大把的时间去摸索不相干的事情，聪明人会将有限的时间花在刀刃上。

◎ 时间和金钱，要做好平衡

时间是稀缺资源，但钱也是稀缺资源。

这就需要我们做一个权衡，对于一个毫无时间观念的人来说，花钱买时间基本是花冤枉钱——他们每天本来就要挥霍大量闲暇时间。但对于职场精英则完全不同。

小王是一家房产策划公司的经理，她每天都要处理很多问题，下班后还要收拾卫生，吃完饭还要洗碗，由于老公的工作更忙，所以她的时间非常宝贵。

长期紧张的生活状态让她心力交瘁，于是她选择对自己的时间进行合理规划，最后状况好了很多。

在公司里她不再每个细小的事情都询问，而是选择交给副手；每天会看一些精准的数据，在最终的策划书上修改，而不是从员工开始撰写策划书就一直指导；在家里购置了洗碗机和扫地机器人。这样她就省出了大量的时间。

小王说："虽然洗碗机和扫地机器人会产生一定的花费，但这个花费却为我创造了更大的价值，因为时间多了，我各方面的效率更高了。"

其实，对时间的有效管理可以让时间产生更高的单位价值，从而让自己变得更加优秀。

这里说的单位价值不单单包括经济价值，身心得到放松、心情变得愉快也是非常重要的。一个人只有在身心愉悦的情况下，身体才能更健康，才能创造更多的价值。

"一寸光阴一寸金"，用寸金来买寸光阴，这是很明智的做法。

◎ 花钱买时间，会让你更有时间

那么花钱买时间有什么好处呢？笔者来举个例子。

假设，公司附近的房子2000元/月，一个小时公交路程的房子800元/月，那么我们会选哪一个？可能大多数人都选800元/月这个，因为非常省钱。但如果细算，你会发现还是离公司近的房子更划算。

远的房子，每天浪费了4小时（来回2小时以及不想做任何正事的2小时），按照8小时工作制估算，你一天有效工作状态有多少，便很明显了。也就是说，如果你为了省房租，住得离上班地点很远，你会浪费大把宝贵时间。

因此在力所能及的范围内，聪明人一定不会为了省钱而去浪费自己的时间。因为时间才是最宝贵的财富。

时间是至高无上的。因为时间可以换取知识、人脉、见识。笔者从来不认为时间就是金钱，因为时间大于金钱。

聪明的人会把专业的事交给专业的人去做，律师事务所、旅行社、猎头公司、中介公司、咨询服务公司，甚至跑腿小弟、快速外卖等，这些都是为了帮有需要的人节约时间和精力而衍生出来的专业队伍。

就像有的公司会把人力资源的招聘和培训外包一样，我们个人也应该学会利用专业的队伍帮自己节约时间。

上班的时候要学会有的放矢，尽最大的能力提高工作效率，节省时间。

◎ 花钱买时间，走好未来的路

笔者曾经采访过我们当地的一名企业家，他的公司与别人不同，别的企业只会高薪聘请一些行业精英，但这位企业家不仅高薪聘请精英，还会给他们配上司机和助理秘书。行业里很多人都觉得他是有钱没有地方花了，觉得他的公司很快就会完蛋。

但事实证明，他的公司不仅没有垮掉，而且效益越来越好。

带着这个疑问笔者采访了他。我们相约在他的公司进行采访，笔者开门见山地说："您在高薪聘请精英时，为什么还要给他们很多辅助呢，这样做公司岂不是更亏？"

他听后哈哈大笑，然后说："很多人只是看到了表面的价值，而我看到了内在。聘请一个人其实就是买他的时间，既然他是行业的精英，我自然更需要他把时间用在产生高价值的工作上。"

他看到笔者有些疑惑，继续说："你说，行业精英和司机、秘书比起来，谁的时间更贵？"

笔者不假思索地说："当然是前者。"

他继续说："这就对了，他多工作一小时产生的价值会比司机、秘书一小时的工资高出很多倍，换句话说，他自己开车一小时其实是我损失了更大的价值啊。这也是我的公司一直发展良好的秘诀。"

这位企业家说完后，笔者恍然大悟：真正能力强的人应该拿出时间解决更重要的问题，而不是重复普通人的工作，因为他们的时间非常宝贵。

钱和时间比起来，当然时间金贵得多。很多人偏偏将这个概念颠倒，为了省下眼前的一点小钱，正在做着丢西瓜捡芝麻的事。

人的精力是有限的，要用有限的时间去完成高效益的事情，有了这种富人思维，你就不怕前路迷茫，不是吗？

自控力破局

你的自律，决定着你的一生

凡事都以目前的能力做低水平重复，那么任何新的、困难的事物，无论过多久都不会完成。低水平的重复不仅不会给我们带来改变，还有可能让我们的人生更加糟糕。

越努力，真的会越幸运

◎ 在命运的低点，要绝地反击

笔者常常在深夜思考一个问题：人这一辈子到底为什么要努力？

大学毕业后的前几年，笔者虚度了一段光阴，由于不努力换来了生活最无情的惩罚，那可能是一段让人痛到痉挛的日子。

毕业后，虽然笔者找关系做了记者，一切非常顺利，可是在这段时间忘记了努力。那时笔者的生活就像一口装满温水的大锅，而我就是那只锅里的青蛙。

虚度了光阴，光阴也就虚度了自己。

在那个时候，笔者并没有意识到自己不努力，反而抱怨生活的不公平，觉得自己就是生不逢时。

结婚后，笔者突然害怕，害怕报社微薄的月薪无法给家人带来更好的生活。经过认真的思考后，笔者选择了辞职。

虽然辞职后的生活非常艰难，但是笔者不再颓废下去，而是选择了努力，选择了改变。如同命运把你放在一个低点，只是为了给你一个绝地反击的机会。

人只要努力了，日子总会过得越来越好，从开始的苦到最后的甜，肯定是要经过命运的洗礼。让自己没有退路，这个时候就算前进一步都是不小的进步。

我们必须承认这个世界本来就是不公平的，但我们就要坐以待毙吗？答案是否定的，我们要做的是努力改变。

几年前，笔者从来没想到自己会在市里买一套房子，也从来没想到自己会拥有一辆价值近30万元的车子，因为那个时候我还是负债的。

越努力越幸运，这句话说得非常对，你只要努力就会有改变。

◎ 没有退路，那就全力以赴

笔者的朋友圈里有一位励志宝妈，她的故事让人唏嘘不已。

如果没有老公的背叛，她或许会一直幸福下去，或许会在家里安安静静地相夫教子。

可是这一切因为老公的背叛都变了。

当没有人为你负重前行，你又有什么资格享受岁月静好呢？是的，眼里容不得沙子的她选择了离婚，重新开始新的生活。

由于一直待在家里，她早已跟不上社会的节奏。因为生孩子，身材变得非常臃肿；因为照顾家庭，她曾经引以为傲的写作也搁浅了。

事情发生后，她知道自己没有退路了。如果自己不去努力，那么这个世界上没有人会可怜你，整个世界只会看你的笑话。

于是，她开始疯狂学习，参加社会实践，用最快的速度适应这个社会的节奏。

笔者问她苦吗，她在微信上说："当然苦啊，但当你没有退路了，努力是唯一拯救自己的方式。"

身材臃肿，没有用人单位喜欢，她就立志减肥。

很多时候我们对某件事并不是做不到，而是以为一切还有机会，还抱有侥幸心理，但如果你没有退路了，那么就会努力去做了。

她每天早起跑步，迎着日出大口地呼吸新鲜空气，从未间断。有时候她会在健身房里挥汗如雨，她知道一个完美的身材对自己有多么重要。

一切准备就绪后，她开始找工作，很幸运，她找到了一份不错的工作。于是她又开始疯狂地工作，短短的时间内就升职加薪了。

后来，她开始重新拾起写作，因为有底子，所以她进步得非常快。后来，我觉得她没有必要拼命了，但她说："就算生活好了，也会存在一些风险，我不想再经历那段刻骨铭心的日子。"

这个世界真的很残酷，也许我们拼命努力不过是为了一个机会——通过努力来改变自己的命运。

可能开始真的很难，但那又怎样呢？

有时候，除了努力，我们真的一无所有。

◎努力，会让生活变得更好

我们努力并不是为了得到什么样的成就，而是为了生活得更好一点。

王凯就是一个努力的典型。早年，他因为家庭的贫寒，也因为父亲的车祸，放弃了高考。

那段时间他整个人都颓废了，把自己关在屋子里。

母亲含着泪说："都是我们拖累了你，要是你爸还在，我们家也不会这样。"

每当这个时候，王凯就会独自流泪，他知道自己根本没有资格埋怨母亲，埋怨这个给自己生命的人。

看着破旧的墙上贴满的奖状，他经常会莫名其妙地在心里反复念叨：人生难道就这么完了吗？

为了贴补家用，他跟村里人一起去外面打工，干最辛苦的活，拿最低的酬劳。

人生一旦陷入谷底，唯一能做的就是绝地反击。

夜晚，当工友们在打扑克的时候，王凯在昏暗的灯光下学习，他想通过自考来改变自己的命运，就算很难，也要奋力一搏。

其实，很多时候就是这样，你去做，可能会获得想要的成功；如果不做，那么等待你的只有失败。

海明威在《老人与海》里说："一个人可以被毁灭，但不可以被打败。"

为了改变，王凯疯狂地努力，终于顺利拿下自考本科证书，然后终于拥有了一份不错的工作，也终于改变了自己身在谷底的命运。

有次，和朋友一起吃饭，王凯说："生活没有给我留下退路，往后退一步就是万丈悬崖，我会摔得粉身碎骨。但是我不想死，还想活着创造属于自己的辉煌，所以我只能努力。"

所有努力的人都会让人刮目相看的，因为他们有了改变的底气，自然会得到上天的垂青。

◎有梦想，请大胆捍卫

笔者很喜欢《当幸福来敲门》这部电影。在这部电影里，男主这样告诉自己的儿子："不要听信别人的'你成不了才'。如果你有梦想的话，就要去捍卫它。只有那些一事无成的人，才会告诉你成不了大器。"

是啊，每个人都有梦想，每个人都会面临生活的考验，每个人都想活得舒服一点，所以在生活面前我们没有理由偷懒，只有疯狂努力。

笔者一直觉得，每个人的人生存在着无限的可能性。我们之所以那么努力，不只是为了让自己能够心平气和地跟瞧不起自己的人说话，更是为了让瞧不起自己的人能够心平气和地和我们说话。

努力的人，一定会过得更好；疯狂努力的人，也一定是最牛的人，因为他们饱受了生活的苦，自然会得到最甜的幸福，不是吗？

盲目自律，只会徒增痛苦

相信你我以及身边的朋友都刷到过很多正能量、励志的短视频，这些短视频告诉我们自律多么重要，告诉我们在这个浮躁的时代，只有自律的人才能脱颖而出。

自律固然是一个人优秀的品质，但盲目自律只会适得其反。真实的是，一个人只有保持好自己的节奏，顺应自己的天性，这样的自律才有效果。

我们要做的是在对的赛道发力，而不是在错的方向上死磕，要自愿和主动完成一件事，而不是刻意逼迫自己。

正如耶鲁大学著名教授苏珊所言："当我们的智慧和内在的感受相调和，所做出的行为与价值观一致时，自律才有意义，才能修炼成为更好的自己。"

倘若你真的懂得了这个道理，那么自然不会因为自律而痛苦，反而会更加上瘾。

◎ 刻意逼迫的自律，不要也罢

有人说，这是一个不谈自律就不足以谈成功的时代。

比如：健身App里，告诉我们要天天健身；饮食App里，天天提醒我们不要摄入太多能量；学习 App 里，时刻提醒我们要不断学习，按时打卡。

在这种外部环境的影响下，不自律的人好像就是另类，因此为了不成为别人眼里的另类，很多人开始刻意逼迫自己。

只是当你逼迫自己的时候，是否扪心自问过：自己是真的喜欢吗？这样做真的能得到自己想要的结果吗？

答案怕是未知吧？

一位叫王诺的女孩分享说，因为她身材微胖，因此身边几乎所有的朋友都告诉她要减肥，并直言女孩"一胖毁所有"。

王诺本来没有想过要减肥，她觉得目前的身材挺好的，但架不住身边朋友的热情，最后无奈选择开始减肥。

前段时间，她在网上看到跳绳可以减肥，于是就跟着一些健身博主跳绳减肥。这些博主特别自律，每天都跳上千个，看到博主们这么努力，王诺倍受感染。

只是谁也没想到，两个月后王诺体重没有减多少，却被确诊为半月板损伤，到了需要治疗的地步，而之所以会这样是因为她不知道正确锻炼的方式。知道这个结果后王诺追悔莫及。

笔者问她："以后还减肥吗？"王诺表示还会减肥，只是不会刻意逼迫自己了，她觉得刻意逼迫自己做某一件事并不一定是一件让人舒服的事。

为什么大多数人明明知道做自己不喜欢的事情会很烦，偏偏还要这样做呢？这说到底就是自我焦虑以及外部环境的影响，就像有句话说的："当一个人长期自我焦虑，他会深受外部环境的影响，特别容易陷入偏执的状态，判断力也进一步下降，所以一旦陷入这个怪圈，就会恶性循环。"

简单来说，这样的自律并不是他们想要的，不过是外部评价及要求促使他们开始的。

这样的自律怎么可能会有好的效果呢？不过就是自欺欺人罢了。

◎ 顺应人性的自律，更有价值

生而为人，我们要寻求真正的自律，而不是用自律做幌子，选择自欺欺人。

真正的自律一定是顺应人性的，也就是说自己首先要对做的事情感兴趣，其次要找到自己的优势。

你是什么样的人，就要什么样的自律，而不是明明不具备这些优势，还一直逼迫自己。

比如你天生五音不全，咬字也不清楚，那么就不要逼迫自己成为歌唱家，因为这种违反人性的自律根本不可能实现。

这些都是很浅显的道理，可有些人偏偏不信。比如有位哥们（分享者）唱歌特别难听，但他"谜之自信"，觉得只要自己足够自律，就能成为歌手。

基于这个想法，他要么在家里练歌，要么在KTV练歌。身边人劝他不要瞎折腾，可这哥们根本不听，还觉得这都是他成为世界巨星路上的绊脚石，实在是可笑。

大约过了半年，有次这哥们和朋友去KTV，死活要一展歌喉。从他胜券在握的表情来看，朋友们以为他应该唱得很好听，但当他开口的时候，朋友们都恨不得找条地缝钻进去——实在是太难听了！

为了让这哥们不在错误的道路上越走越远，他的朋友们只好直言相告。

优秀的人之所以优秀，是因为他们都在自己擅长的领域里自律，而不是在自己没有任何优势的领域里盲目自律。

人人都想成为一个自律的人，但要知道自律是有条件的，我们只有根据自己的实际情况选择在什么地方自律，才会得到自己想要的结果。

◎ 自律，为了让自己变好

在这个人人都谈自律的时代，你有没有想过我们自律的目的是什么？笔者个人觉得自律的目的就是让自己变得更好。

如果通过自律，你能让自己变得越来越优秀，那么你的自律就是有价值的；如果通过自律不仅没有让自己变好，反而变得更糟糕，那就是没有价值的。

当然让自己变好也不是一蹴而就的，这需要你的坚持，只要你能遵从自己的内心，在方向没有任何问题的前提下选择坚持，若干时间以后自然会得到自己想要的。

自律是一件任重道远的事，关键不在于你一次做了多少努力，而在于你能否做到每天都比昨天的自己进步，哪怕进步一点点。

人生苦短，岁月如梭。在往后的日子里，愿我们不忘初心，找对生命的方向，通过自律得到自己想要的生活，给自己的人生一个完美的交代，好吗？

你的自律，决定了你的人生

◎自律，是一种自我约束

我国古代思想家许衡是一位有极强自律能力的人。

在一年夏天，许衡与很多人一起逃难。在经过河阳时，由于长途跋涉，加之天气炎热，众人都感到饥渴难耐。

这时，有人突然发现道路附近刚好有一棵大大的梨树，梨树上结满了清甜的梨子。于是，大家都你争我抢地爬上树去摘梨来吃，唯独许衡一人，端正坐于树下。

众人觉得奇怪，有人便问许衡："你为何不去摘个梨来解解渴呢？"

许衡回答说："不是自己的梨，岂能乱摘！"

问的人不禁笑了，说："现在时局如此之乱，大家都各自逃难，眼前这棵梨树的主人也许早就不在这里了，主人不在，你又何必介意？"

许衡说："梨树失去了主人，难道我的心也没有主人吗？"许衡始终没有摘梨。

有人说许衡太过迂腐，但在笔者看来这却是一种极强的自律。"君子慎独"，他同大家一样都是逃难之人，但自律能力却不一样，宁愿自己渴着也不会去破坏别人家的东西。反观那些人，早已忘了这个问题，他们觉得只要自己过好，其余的就无所谓。

在混乱的局势中，平日约束、规范众人行为的制度在饥渴面前失去了效用。许衡因心中有"主"而能无动于衷。在许衡心目中的这个"主"，就是自律、慎独。有了自律、慎独，才能在没有纪律约束的情况下依然很好地自我约束。

◎ 自律的程度，决定人生的高度

说到自律，就不得不提著名作家严歌苓。

她不仅高产且高质，她的作品大都被搬上银幕，成为风靡一时的畅销书。

严歌苓曾不止一次被人问过，怎么才能高质又多产？每次她都认真地说，我当过兵，对自己是有纪律要求的。

当你懂得自律，那么所有的困难都能克服。

严歌苓确实特别自律，她的一生似乎永远在阅读，永远在写作，永远在用一种美好的姿态展示着她的才华。

在状态允许的情况下，她每天至少写作6小时，隔一天游泳1000米，几十年如一日。她知道只有坚持和自律，才能更好体现自己的价值。

坚持做一件事情不难，难的是一辈子坚持做一件事，而且把它做到极致。

很多人抱怨自己不成功，其实根本原因就是不够自律，三天打鱼，两天晒网，间歇性自律有什么用呢？

一个自律的人，藏着无限的可能性，自律的程度，决定了自己人生的高度。

◎ 自律的人，会坚持心中的梦想

真正自律的人，一定会坚持自己心中的梦想，纵使人生的不如意对他百般刁难，他亦能笑着面对。

古希腊有一位叫德摩斯梯尼的著名演说家，他小时候患有严重的口吃，发音极为不准。当听说他想当演说家时，朋友们都以为他疯了，但他并没有因为别人的嘲笑而选择放弃，而是继续坚持。

有一次，他听说嘴里含着沙子坚持朗读对演讲有很大帮助，便坚持练习。朋友以为他只不过是心血来潮，因为没有人受得了这种苦，但没想到德摩斯梯尼坚持了多年，凭借这份超强的自律，实现了自己的梦想。

自律就像空气，看不着也摸不着，但它确实能改变一个人。严于律己的人终究会迎来事业的春天，他们这份坚持值得我们每一个人学习。

如果没有强大的自律能力，德摩斯梯尼是绝对成不了演说家的，他有一万个让自己放弃的理由。但因为对命运的不屈服，他才创造了常人难以想象的辉煌。

生活中，有很多人在大众面前会表现得非常自律，但一个人独处时就原形毕露，觉得根本没有必要约束自己的，这绝对不是真正的自律。

真正的自律，是在别人看不见的地方依然能做那个最好的自己，不论环境如何变化，他绝对不会更改自己的初心，遇到问题他们会想尽一切办法解决，而不是选择半途而废。

◎ 征服自己，才能征服世界

为什么说自律决定了一个人的层次？

因为自律可以让一个人站在更高的地方，接受更猛烈的风暴的袭击。自律可以让我们活得更有社会价值，梦想和事业也最终会实现，让我们的人生之路更加辉煌。

陀思妥耶夫斯基说："倘若你想征服全世界，你就得征服自己。"这句话对自律做了很好的诠释。如果一个人不能严格要求自己，那么所有的一切都是空谈。

能持之以恒的人大多是层次高的人，涓滴之水可以穿透大石，不是由于它力量强大，而是由于昼夜不舍地滴坠。所以，只要在自律中坚持，就一定会取得辉煌的成就。

通往成功的路上，当然荆棘遍布。在事业上的自律和坚持一定会让你不舒适，甚至异常痛苦，但你要忍住这个过程，只有吃得苦中苦，才能成为人上人！

低水平重复，会让你的人生更难

◎ 低水平重复，会害了自己

大学毕业后，笔者很顺利地在当地一家报社做记者。刚去的时候，领导说："先熟悉下环境，多浏览下新闻。"

那段时间，笔者不仅在网上找新闻，还会到生活中去发掘。记得自己的第一篇作品交给主任时，他笑着说："写得不错，好好努力，将来一定能成大器。"在主任的鼓励下，笔者每天都在认真学习。

但后来的稿件越来越不行，主任问我："是不是最近有什么压力，我怎么感觉你的稿子没有丝毫进步呢？"那段时间笔者一直很努力，自己也不知道为什么会这样，整个人非常痛苦，不知道该如何改变。

机缘巧合下，笔者在网上看了一篇《远离低水平的勤奋》的文章，才知道自己的症结所在—— 一直在重复以前的工作。但等真正明白之后，自己却变得麻木了，不想改变，只想一直混下去。

因为低水平重复，我只能拿基本工资，所有的奖金都与我无缘。

稻盛和夫说："如果凡事都以目前的能力做低水平重复，那么任何新的、困难的事物，无论过多久都不会完成。"

◎ 结果很差，可能与努力没关系

一位分享者说，自己念高中时，班里有位叫竹子的女同学，每天学习都非常刻苦，来得最早走得最晚，老师一直要我们向她学习。但每次考试，她的成绩都不是我们想象的那么好，竹子自己也不明白问题出现在哪里。

竹子从来不知道反思，她以为自己最了解自己，觉得考不好是因为努力还不够，所以她更加疯狂地努力。

我们一直把学习当成一件很正式的事，认真地在课堂上听老师讲解，课后认真地看书复习，但最后却发现结果很糟糕。其实，学习的本质是一个自我认知的过程，并不是低水平的重复，大多数人根本意识不到这个问题。

当经过一段时间的努力却得不到想要的结果时，我们就会陷入自我怀疑中，觉得自己很笨，但事实是这种人的努力不过是低水平重复。

读书的目的是：打通知识的阻塞，实现融会贯通。

而大多数人，却想把所有的知识都收入脑海中，这其中有很多知识没有半点用处，它在无形中占据了大脑的内存。而他们看到自己进步很慢时，就又不停地汲取新知识。

知识汲取得越多，自己的反思能力就越低，就越会陷入低水平重复中，让自己陷入一个怪圈里无法自拔——虽然看了很多书，但丝毫记不住。

低水平的重复不仅不会给我们带来改变，还有可能让我们的人生更加糟糕。

◎厉害的人，会不断超越

文学经典作品《白鹿原》出版后，引起了强烈的反响，但陈忠实并没有继续写。

一部《白鹿原》凝结了老先生一生的心血，是他文学创作的巅峰。虽然在当时的情况下，他继续写一定会获得极高的回报，但是老先生没有，他知道自己很难再写出超越《白鹿原》的作品。

所以，老先生没有动笔。一个伟大的作家，宁愿减少作品的产量，也不会让质量下降。数量上的重复没有丝毫意义，也不会提高他的写作水平。

按一辈子快门的人，未必会成为摄影师；写一辈子文章的人，很多成不了作家；在公园打十年太极拳，与功夫可能毫无关系，他们本质上就是低水平重复。

一个人，如果一直低水平重复，越勤奋就会越感觉疲惫，时间久了，心态就会失衡，失去奋斗的乐趣，这一生也不会有很大的成就。

查理·芒格说："如果你只是孤立地记住某一事物，试图把它硬凑起来，那么你无法理解任何事情……你必须依靠模型组成的框架来安排你的经验。"

因此，一直低水平重复会让你的知识变得匮乏，甚至失去曾经具备的能力。

真正的工作方式，必须是日新月异、不断超越的。努力之后，你能看到自己的进步，看到自己与过去的区别，看到自己光辉灿烂的前程，而不是迷茫的未来。

◎ 摆脱机械重复，才会拥抱成功

马尔科姆·格拉德威尔在《异类》一书中提到了一个"一万小时定律"。作者经过对比尔·盖茨、乔布斯、顶尖橄榄球运动员、世界级音乐家等各个行业最优秀的人进行研究和观察之后，得出一个定律："人们眼中的天才之所以卓越非凡，并非天资超人一等，而是付出了持续不断的努力。一万小时的锤炼是任何人从平凡变成世界级大师的必要条件。"

一直以来，很多人都陷入了一个误区，觉得只要坚持一万个小时，那么自己就会成为大师，这实际上是非常错误的。马尔科姆的本意并不是强调低水平重复，而是强调有针对性的练习，这才是一万小时定律的灵魂。

十年原地踏步绝对到不了远方，社会衡量一个人的价值从来不是看低水平重复的过程，而是看结果，看他在人生道路上取得的巨大进步。

一个人如果坚持某一样爱好，不断地提升自己的学习能力，而非简单机械化重复，那么一定会取得极大的成功。

对自己狠一点，才能赢得人生

人生从来没有一帆风顺，每个人的生命里，都有过一段非常灰暗的时光，在这段时光里，我们特别焦虑，不知道未来会怎样。

可是焦虑不会改变任何问题，我们只有严格要求自己，坚持住，因为天亮了就会有光明，冬天来了，春天也就不会远了。

越是艰难，我们越要对自己狠一点，这样才能掌控自己的人生。

◎自律的人，会更自信

一位分享者叫可可，除了有个好听的名字外，她几乎一无所有。小的时候一直听着别人家孩子的故事长大，这让原本腼腆的她一直活得很自卑。

长大恋爱后又因为自己的肥胖而被男朋友嫌弃，让他们最终分开，可可觉得自己的世界里充满了黑暗。

后来，可可看了一部电影，影片中的主人公和她非常相似，也就是从那一刻开始可可想到了改变。

看着自己臃肿的身材，可可决定减肥，她要求自己每天跑5公里。为了让自己没有请假的机会，可可说："我害怕自己破例一次后，以后就有了千百次破例的理由。"

为了减肥，可可无数次跑到哭，但辛苦了一个月后，她不仅没有减轻反而增重了。可可想过放弃，但曾经的嘲笑像潮水一样涌来。

因此可可一遍遍地说服自己，坚持严格要求自己，最后终于成为人人羡慕的样子，整个人也变得越来越自信。

笔者一直觉得可可的这份自信与自律有很大关系。

乔布斯曾说："一个人的自信源自自律。"

其实，自律就是一个人对自我的约束，当一个人能学会克制自己，用严格的日程表约束自己的生活，那么他也会很快变得非常自信，生活也会非常美好。

自律决定了一个人的勤奋程度，决定了自己的人生高度，为你能否成为最好的自己打下坚实的基础。能够自律的人，注定是成功的人。

可可减肥成功后，她不仅看到了生活的希望，而且整个人对未来也充满了信心。

为了能找一份翻译的工作，她又开始疯狂学习英语，夜深人静的时候只有桌前的那盏台灯孤独地陪着她。

刚开始，可可打卡学英语，每天拿出固定的时间坚持背单词、练口语，虽然那段时间非常苦，但是可可都坚持了下来，因为她对自己的未来充满了信心。

她说："虽然我还是每天早上地铁大军中的一员，依旧有些腼腆，但我独自一个人的时候会感到自己很有底气，因为我看到了自己的进步，也看到了自己的未来。"

　　凭借这份自律，可可终于拿下了翻译证二级证书，并如愿以偿地做了一名企业翻译。

　　自律不仅能给我们带来想要的生活，还能为我们的经济基础提供保障，换句话说，自律决定了一个人的未来。

　　自律的人大多是自信的人，因为经过一段时间的努力，他们会发现人生根本没有那么糟糕，只要严格要求自己，就一定会拨开生活中的雾霾。

　　自律的人会在前进中发现很多错误，但他们会用最快的速度修改错误，不断纠正着自己的人生之路。

◎自律，让一个人更有底气

　　美美在公司里做得如鱼得水，很快得到领导的赏识，不仅如此，她也找到了属于自己的真命天子。

　　由于美美空闲时间非常多，所以她又想实现自己的写作梦，而这个时候的美美已经6年没有写过东西了。

　　美美说："那时，我看过一篇文章，其中的大意是如果一个人想重拾写作，那么她每天至少要写1000字。"

　　为了实现自己的梦想，美美又开始严格要求自己。

　　有一次单位里有些忙，美美回到家已经晚上10点了，但是当天她还一个字也没有写，本来可可想拖到明天，但是自律养成的习惯让她快速打开电脑，继续追逐着属于自己的小梦想。

　　凭着这份努力，美美的名字很快出现在全国各大报刊上。见到自己新书的那一刻，美美哭了。

其实，自律里不仅藏着自己的生活，而且还藏着自己的事业和爱情。

自律的生活可以让自己挺过人生的黑暗期，可以帮助自己克服不应该有的懒惰和情绪，可以让自己更有底气。

真正对自己狠的人，不会为自己找借口，会用自己坚强的意志挺住，不给自己半点退缩的机会。他们为了自己的目标全力以赴，他们知道只有这样才会得到自己想要的结果。

◎自律，是自我管理的本领

其实，越自律的人越自信，他们的未来也会一帆风顺。

一位创业的分享者说，他每天都逼迫自己在路上，因为他害怕一旦给自己放假，他苦心经营的事业将会化为泡影。

事业处于低谷期时，他总是整夜失眠，第二天就无法打起精神，公司的事情也处理得非常糟糕。

为了改变，分享者强迫自己早睡早起，从最初的不舒服不适应，到现在的每天6点自然醒。

他说："我之所以能走到现在，真的多亏了自律。"

自律对一个人来说真的很重要，很多能严格要求自己的人，无论在事业还是生活方面都是出类拔萃的。

自律的人注定能成大事！自律是一种自我管理的本领。

自律不是刻意地展现给别人看，而是无论在什么时候都能坚持严格要求自己，为了自己想要的生活奋力去追逐。

笔者一直觉得能够自律的人是值得尊敬的人。

自律的人，都是生活的主人

◎没有自律，就没有柳暗花明

朋友曾在一家非常不错的单位上班。如果没有那次裁员，或许他还会朝九晚五地上着班，过着属于自己的生活。但生活不是电视剧，谁也不知道明天和意外哪一个先来。

他找各种关系，试图能让自己留下，最后尽力了，失败了，心也寒了。

被辞之后，他开始找工作，但却一直碰壁。人倒霉的时候，真的连喝凉水都会塞牙，刚开始他不相信，但现在完全相信了。

屋漏偏逢连夜雨，孩子在这个时候又生病了，那一刻他差点崩溃了。面对这些突如其来的事情，他知道自己没有退路了，如果你不去努力，那么这个世界上没有人会可怜你，整个世界只会看你的笑话。

于是，他开始放下架子摆地摊，用各种时间努力赚钱，用最快的速度适应这个社会。

这段时间他严格要求自己，知道只有努力下去才能改变自己和家庭的处境，倘若他放弃自己了，那么整个世界都会放弃自己。

在他的努力下，生活终于有了好转。这个时候他依然没有懈怠，而是开始了创业，在创业的过程中虽然吃尽了苦头，但幸运的是结果越来越好，属于自己的柳暗花明也正在向他招手。

后来，他创业成功了，不论是财富还是个人价值都得到了很大幅度的提高。回望自己走过来的这段路，他感慨万千："幸亏没放弃，还好我足够自律，足够努力，要不这一切真的是一个遥远的梦。"

这个世界真的很残酷，也许我们拼命努力不过是为了一个机会。通过努力、自律来改变自己的命运，可能刚开始真的很难，但那又怎样呢？

有时候，除了自律和努力，我们真的一无所有。

◎要强的人，会得到命运的垂青

周末，朋友一起聚会，A说了这样一件事。

前段时间，他们公司来了一个实习的小姑娘，大家觉得她应该很快就会走，因为他们公司工作压力太大了，前面来的几个实习生最后都没有熬住。

朋友说，小姑娘看上去非常文弱，但骨子里却有一种强大的能量，本以为她很快会走，没想到小姑娘实习了三个月后顺利转正了。

有同事说她一定是走了后门，直到那次交流，朋友才知道这个小姑娘有多么要强。

那天晚上，朋友回公司拿东西，小姑娘还在做文案，朋友说："这么晚了，还不回去啊？"

她抬头看了看说："我再弄会儿，多学点东西。我基础差，所以要加倍努力。"从她的眼神里朋友看到了坚定，也许她真的不够优秀，但她足够努力，足够自律，天生要强。

稻盛和夫曾说："极度认真地工作，就能带来不可思议的好运。"

那些天生要强的人，命运拿他们真的没办法，因为他们会想尽一切办法披荆斩棘，会让自己的人生之路越来越顺畅。他们自然会得到命运的垂青，实现自己的人生价值。

天生要强的人，会做生活的主人，他们非常自律，会用好所有的时间；天生脆弱的人，会把自律当儿戏，自然是生活的奴隶。

如果你一直虚度光阴，那么只会让自己后悔。命运把你放在一个低点，是为了给你一个绝地反击的机会，而不是让你趴下，一蹶不振。

◎自律努力，日子就会越过越好

一位叫李菁的姑娘，她在当地是小有名气的作家，也是一个非常自律的人，她在一篇文章里讲述了自己的故事。

她每天6点准时起床，从不让自己睡懒觉。

她说，玩到半夜三更，睡到日上三竿，是一场慢性自杀。人生的希望就在这黑白颠倒中慢慢地消散了，再想寻找时，就难了。

早起洗漱后的3个小时，她会用来练书法、运动、学习英语、吃早餐；上午9—12点是一天中精气神最好的时间段，她会用来读书、写作；闲暇时间，她会一本接着一本地读书，这对她来说是会上瘾的事。

我们每个人都有梦想，都会面临生活的考验，每个人都想活得舒服一点，所以在生活面前我们没有理由偷懒，只有疯狂地努力，必须承认这个世界本来就是不公平的，我们要做的就是在不公平中制造公平。

　　人只要自律了，日子总会过得越来越好，从开始的苦到最后的甜，肯定是要经过命运的洗礼。让自己没有退路，这个时候就算前进一步都是不小的进步。

　　往后余生，愿你做一个努力且自律的人，这样才能把日子过成自己喜欢的样子，不是吗？

间歇性自律的人，真的走不远

相信你我以及身边的大多数人都有这样的时刻：当一件事没有做成的时候，就开始自律。但这个自律只是间歇性的，倘若一直坚持下来，结果必然会不错，但问题是他们很难坚持下来。

每个人在失败的时候都想通过自律来改变，但是自律一段时间之后就忘了初衷，完全忘了失败带来的伤痛，开始变得懒散。

客观来说一个间歇性自律、持续性懒散的人是不会有什么大出息的，虽然他们知道自己想要什么，但总是会为自己找各种借口，根本无法做到。

比如说要好好学习，学了一段时间之后开始放飞自我；说好要减肥，但也只是三分钟热度，以为自己的行为能感动别人，最后发现只是感动了自己。

间歇性自律真的很可怕，这是一种伪自律，是自欺欺人。这么做的结果不会给别人带来任何伤害，只会搬起石头砸自己的脚。

◎间歇性自律，是自我欺骗

我们总是陷入一个误区，当自己没有做成某件事的时候，才开始怀疑自己不够努力，觉得当初自己要是能多努力一点，也不会有这样的结果。

这个时候就开始自律，一副不达目的不罢休的样子。

如果能这样继续下去真是幸事一件，用不了多久就能实现自我价值。只是这时间太短暂了，当自律一段时间后发现没什么用，就又开始自我放弃了，觉得没有什么意义。

但实际上若是能坚持下来，意义非凡。

这点，分享者中有一位大姐深有体会——倘若孩子能持续自律，也不至于复读两年。

大姐家的孩子第一年高考成绩还可以，但不理想。

大姐和孩子商量怎么办，孩子觉得自己没有发挥好，坚决要求复读，在孩子的再三要求下大家同意了他的要求。

大姐说："高考失利的前几天，孩子特别自律，学习很用功，当时我们觉得孩子真的是发挥失常，倘若孩子这般用功，不应该考不上啊。正当我们困惑的时候，孩子露馅了，自律了几天之后就开始懈怠，好像高考失利是很遥远的事情。我就劝他不能这样，既然选择了复读就要多努力，孩子嘴上虽然答应着，但没有丝毫的行动。"

说的次数多了，孩子也就不当回事了，你说你的我做我的，大家互不相干。

时间飞快，很快又迎来了高考，自然，成绩和以前没有什么两样。

与其把时间浪费了还没有什么大出息，还不如早点毕业，早找工作，说不定人生还会迎来新的机会。

真正的自律是为了清晰明确的目标而持之以恒地努力，不是过分追求仪式感和形式感，用间歇性的自律来回避责任。

任何时候我们都要知道，间歇性的自律真的不靠谱，因为间歇性的自律后面是持续性的懒散。

◎ 持续懒散的人，很难成功

不要以为持续懒散是骗了别人，实际上你是骗了自己。

一件事你自己付出了多少比谁都清楚，这世上本来就没有白走的路，每个人都是一步步走的，凭什么你能飞呢？

你付出多少就会得到多少，这一点毛病也没有。永远不要抱怨结果，因为你太懒散了，努力不够，不要去怪任何人，要怪就只能怪你自己。

有一人考研，他和别人不一样，别人有了这个决定之后就会立刻付诸实践，而他则是一拖再拖，完全进入不了学习的状态。

身边的人跟他说再这样下去，是很难考上的，大家本以为他会明白，会立刻努力，没想到他说："努力也没用，反正今年是考不上了，明年再说吧。"

当他说完后，身边的人就知道他不仅今年考不上，未来的几年内也很难考上，因为他的心态就不对，没有为了这个结果拼命的心态，只是简单的应付而已。

你有多努力不是自己说的，也不是别人看到的。

俗话说："永远不要假装很努力，因为结果不会陪任何人演戏。"这句话虽然说得很残酷，但绝对是大实话。

电影《银河补习班》中有这样一句话："人生就像射箭，梦想就像箭靶子，如果没有箭靶子，你每天的拉弓就毫无意义。"

诚然，自律的过程很苦，但只有经历过这份苦，才能拥抱以后的甜。一个人只有与痛苦抗争，学会苦中作乐，才能得到自己想要的，才能更好地实现自己的人生价值。

简单来说，自律不过是目标明朗之后的顺势而为。当你真正懂得自律的重要性了，自然会端正自己的心态，会为了一个结果而去努力。即便这个结果最终没有达成，你也没必要后悔，毕竟，你已经尽力了。

越长大越发现间歇性自律的可怕，这真的会害了一个人，会让他以为自己很努力，其实你不过是一直在碌碌无为。

人生本就苦短，希望我们每个人都能以积极而主动的态度，去解决人生的痛苦。

用持续性的自律来打败懒散，唯有如此才能达到自己心心念念的目标，走好属于自己未来的路，不是吗？

心态破局

扛过难熬的日子，方能变得更强

没有什么工作是不辛苦的，没有什么江湖是一潭清水。每一个光彩夺目的人，一定有过在黑暗中前行的日子，而那段日子，一定会让你快速拥抱光明。

让你越来越强大的几个好心态

　　人生在世，不如意的事情十之八九。面对这些不如意的事，有的人能泰然处之，把日子过得有滋有味；有的人则不知所措，把日子过得特别糟糕。

　　为什么会这样呢？说到底就是心态的问题。

　　人活一世活的就是一个心态：若是你的心态好了，在黑暗的天空中你会看到繁星；若是心态不好了，只会在光明中看到黑暗。

　　这个世界上人人都想成为一个强大的人，要想变得强大，心态就尤为重要，甚至可以这样说：心态好的人就是强大的人，就是英雄。

　　罗曼·罗兰说的："世界上只有一种真正的英雄主义，那就是看清生活的真相之后，依然热爱生活。"

　　这句话看似很简单，但是真正做到的人并不多，因为面对生活的残酷，很少有人能有一个好的心态。

　　下面这几个让你越活越强大的心态，希望我们每个人都能有。

◎照顾好自己

　　人生实苦，唯有自度。每个人都会遇到生活的不如意，这个时候我们要做的就是照顾好自己，无论遇到什么事情都不要拿自己的身体开玩笑。

在你的世界里，你才是最重要的人：若是你快乐了，那么你的整个世界也就快乐了；若是你不够快乐，那么你的世界必然充满痛苦。

既然是如此，何不照顾好自己，让自己过得快乐一点呢？

人生很多事不是像我们预期的那样，不是想怎么做就怎么做。既然还活着，就不要自寻烦恼了，拿出兵来将挡、水来土掩的勇气，开开心心每一天多好啊。

◎ 欣赏自己

人活着切不可妄自菲薄，不要觉得自己一无是处，也不要觉得自己是这个世界上最倒霉的人。倘若你有这种悲观心态，那么你很难快乐。

这个世界上再微小的个体也有属于自己的快乐，更何况作为万物灵长的我们，当你学会了欣赏自己，那么你就不会和自己过不去，就会很容易接纳自己。

生而为人，要肯定自己的长处，看到自己的优势，也只有做到这样你的人生才有可能活得更加精彩。若是你看不到自己的长处，总是觉得不行，就很容易没有自信，一旦机会来了你都抓不住——不是你能力不行，而是你根本就不敢抓。

当一个人懂得欣赏自己了，那么他的未来不会过得太差。

◎ 认识自己

所谓认识自己，个人觉得就是要懂得自省，也就是说做任何事都要有自知之明，明白自己有多么大的能力，而不是高看自己，觉得自己是这个世界上最牛的人。

一般来说不能很好认识自己的人是很难实现自己的人生价值的，因为他好高骛远，觉得自己特别厉害。但实际上他并不具备这个能力，既然不具备这个能力，自然就做不好事情，怎么可能会实现自己的人生价值呢？

由此可见，一个人能做到认识自己有多么重要，只有认识自己了，才会对自己做出最好的判断，从而不断超越、更新自己。

◎ 约束自己

人活着是要有底线的，要懂得约束自己，不能什么事情都做。这个约束不单指法律方面的约束，还指道德方面的约束。

也就是说人活着不能突破自己的底线，损害自己人品的事情不要去做，心术不正的人也不要去交往，严格恪守自己的道德准则。

约束自己看似容易，实则很难，这需要一个人长久地坚持才行。

因此，我们在日常生活中要懂得约束自己，也只有做到约束自己，才能成就更好的自己。

一个懂得约束自己的人，就算日子过得暂时不好，但是早晚会拨开云雾见天晴的。

◎ 调整自己

人生就是一个不断调整的过程，这一生我们会遇到很多事情，因此就要让自己不断适应这些事情，也只有不断调整自己，才能更好地适应社会。

在人生这条路上，不论你遇到痛苦的事情还是快乐的事情，都要及时做好调整，不能一直沉浸在快乐的情绪里无法自拔，也不能在消极悲观的情绪里走不出来。

要做好调整，不以物喜不以己悲，若是做到了，日子自然不会过得太难。

当一个人能调整好自己，那么他就能适应各种情况，从而摆脱低迷，向阳而生，日子过得快乐又幸福。

◎ 相信自己

有句歌词写得好："想飞上天，和太阳肩并肩，世界等着我去改变。"这就是对"相信自己"最好的写照。

一个相信自己的人是绝对不会妄自菲薄的，他坚信自己的力量，他步伐稳定，从来不言败。

这样的人不会安于现状，会寻求积极改变，就算失败的概率很大，他依然选择坚持，因为他始终相信自己，相信山重水复以后就是柳暗花明。

人生短短几个秋啊，真没必要和自己过不去，当你的心态好了，那么你的世界也就好了。你若是能做到盛开，蝴蝶自然会来，难道不是吗？

依靠别人，不如投资自己

常言道："靠山山会倒，靠水水会枯。靠庙庙会塌，靠神神会跑。求人不如求己，生气不如争气，靠人不如靠己。"

无论在工作还是生活中，我们似乎特别喜欢依靠别人，当自己遇到麻烦解决不了时，第一时间想的不是怎么努力突破，而是想依靠别人。

你可能觉得依靠别人是捷径，是充分利用人才，自己不会的别人三下五除二就能弄好。殊不知这样的想法才是最大的傻瓜，当你一直靠别人，就等于把自己安置于舒适区，时间久了，你再想离开就难了。

◎ 依靠别人，会输得很惨

在这个世界上每个人有每个人的事情，因此我们不能凡事都指望别人，倘若遇到问题就寻求别人的帮助，那么我们未来的路会走得很艰难。

指望别人看似是捷径，看似是充分利用人才，实则是弯路。

分享者H在外贸公司上班，他说公司由于经常与外国客户打交道，对员工的英语水平要求很高。自己虽然英语已经过了八级，但有时候还是力不从心。

前阵子，公司里来了一名实习生，英语水平不是很好。刚开始，小姑娘虚心好学，每次遇到不懂的问题就找H请教，H也非常有耐心地教她。

两个星期下来，H发现一个问题：有些语法，小姑娘已经问了好几遍了，但还是不停地问。

有一次，小姑娘又来请教老问题，H提醒她："我记得你这个问题已经问过好多遍了哦。"

小姑娘眨了眨眼，一脸懵懂地说："真的吗？我都不记得了，每次解决完我就忘了。反正有你啊，你懂就行啊，老师。"

三个月后，小姑娘并没有通过试用期。

如果这位小姑娘刚开始没有指望别人，而是努力提升自己的技能，那么她怎么可能会留不下来呢？

中国国家话剧院编剧廖一梅曾说："人对他人需求越少，就会活得越自如安详。没有人，哪怕他愿意，也不可能完全满足另一个人的需要。"

想要实现自己的价值，那么就不要想着靠别人，否则就等于堵死了自己前进的路。

◎ 靠自己，才能走得更远

靠别人得到的东西，终究不长久。别人帮你是情分，不帮你是本分，简单来说别人若是不帮你，你也不能生气，因为这并不是别人的事，可帮可不帮。

人这一生能遇到贵人是好事，若是遇不到就选择慢慢奋斗，除了这样没有任何办法。

娜希说自己曾经特别生气，她没想到亲戚是这样的人，自己平常对他们不错，但没想到自己遇到困难时，他们竟然置之不理。

娜希本来觉得亲戚应该会帮助自己的，虽说两家没有什么金钱上的往来，但她现在真的是没法子了，只要还有办法她也不会开口。

当娜希和亲戚说了自己的困难后，亲戚没有丝毫犹豫，直接表示说没有。但娜希知道亲戚手里有钱，只是不想借而已。

娜希怎么也想不到会是这样的结果，最后只能低三下四求其他人才筹到了钱。

聊起这个事情的时候，娜希现在还一脸不平，她说："真想不到对方（亲戚）是这样的人，早知如此，还不如不来往。"

但娜希说完后，笔者觉得她亲戚没有什么问题，钱是自己的，想借就借，不想借就拉倒，这又有什么呢？主要还是娜希，她对亲戚的期望太高了。

笔者建议娜希别想那么多，既然自己没有这个实力，就要学会减轻自己的欲望，等自己有足够实力的时候，再去追寻也不迟。

我们任何时候都要知道，一个人选择靠别人是错误的，只有靠自己才有无限的可能，才能让自己的人生更精彩。

遇到困难的时候，别说别人不帮我们，即便帮也是杯水车薪，我们只有做自己的太阳，才能照亮自己的人生。

这个世界上有太多不确定的因素，只有靠自己，才能走好未来的路，无论世界如何变化，靠自己挣来的东西远比靠别人施舍要牢靠得多。

◎ 投资自己，才是明智选择

人这一生会面临各种投资，但我觉得无论什么样的投资都赶不上投资自己，当你舍得在自己身上投资时，那么你就会收获更加精彩的人生。

笔者看过一个关于颜宁的报道，特别有感触。

2019年，42岁的颜宁当选为美国国家科学院外籍院士。消息一出，立刻登上了热搜。

她所带领的团队，攻克了膜蛋白研究领域50年未解的科学难题，实现了全世界首次成功解析人体葡萄糖转运蛋白结构的新突破。

为什么她会取得如此大的成就呢？原因就是她懂得投资自己。

在接受采访时，她说："到了40岁，我才发现这个年龄前所未有地好。我不是为名为利，为让别人怎么样，而是为了让我自己开心，如果我被裹挟的话，那怎么能是开心呢？"

这也是她的生活态度，把生命中更多的时间和精力用来做学术、做科研，去提升自己的能力。

一个真正厉害的人，一定是懂得投资自己的人，他们知道在这个世界上只有自己才能给自己最大的安全感。

要想不失望，那么就去投资自己吧，当你变得强大了，你的世界也会强大，不是吗？

真正优秀的人，会努力活出自我

◎知道自己想要什么的人，不在乎别人的目光

6年前，笔者开始考驾照，在这里遇到了一个老车友，他每次上车都专心致志地练习，完全不理会别人诧异的目光。

休息的时候，我们两个攀谈起来，当得知他今年50多岁后，笔者笑着说："你可真有毅力，我要是你这个年龄就不学了。"

他笑了下说："确实，我学车的时候，家人朋友都不同意，他们觉得都这么大年纪了，没必要折腾下去了，可我就是想学。"

交谈中我才知道，他一直喜欢开车，但因为早些年没有机会，就耽搁了，后来自己摸索着学会了开车，但一直没有驾驶证。过了一段时间后，他觉得这样不行，想考驾照跑运输。

当他和家人说自己的决定时，家里一致反对。确实是，他学习的过程很艰难，考了两次都没考过，后来教练也有些不理解，可这位车友是认死理的人，他一直坚持。

后来听说他拿到了驾照，买了一辆小卡车，运输跑得非常顺利，日子过得也很舒心。

一个知道自己想要什么的人，定然不会太在意别人的看法，也不

会因为前进路上遇到的困难而缴枪投降。他们会克服困难，披荆斩棘，让自己的人生过得更漂亮。

一个人不被别人的看法左右，就是对自己最好的肯定；否则，你只能在别人的看法里活成一个笑话。

◎ 太在意别人的看法，会一事无成

小刘是一个摇摆不定的人，因为太在意别人的看法，所以到现在都一事无成。

大学毕业后，她找工作，当她信心满满地跟朋友说自己想去A公司时，朋友说："我觉得你还是算了吧，A公司那么难进，你去面试也是浪费时间。"

朋友这么一说，小刘瞬间像泄了气的皮球，她以为就算自己再努力也不会获得进A公司的资格，于是她放弃了。

前段时间，她决定减肥，正当她满怀信心时，朋友却说："你还可以啊，还有必要减肥吗？再说减肥有什么意思啊，我反而觉得做个胖子很快乐。"

小刘突然觉得朋友说得很对，就放弃了减肥，到现在体重还不是自己想要的。

其实，那些优秀的人，不是运气多么好，而是不会轻易让自己陷入别人意见的泥潭中。恰恰相反，他们懂得怎样实现自己的价值，让自己的未来更加璀璨。

一个真正成功的人，绝对不会在意别人的看法，会想办法让自己变得更好，就算这个过程非常艰难，他也一定会坚持下来。

◎ 自己去试，才知道结果

还记得小马过河的故事吗？

小马过河的时候，松鼠说河水很深，会淹没它，让它千万不要过河；老牛却说河水不深，才没过它的小腿。最后小马试着过了河，才知道河水不像松鼠说的那样深，也不像老牛说的那样浅。

事实上真是这样，在人生这条路上，我们会听到很多不同的意见，也会因为这些意见不知所措。可是这些真的不重要，所有的事情都需要你亲自去试，也只有试了，才会知道最终的结果。

生活中，有太多的人会被别人左右，听见别人说不好就觉得自己的不好，按照别人的模式改正，这其实是错误的。

那些成功的人都是能坚持自己的人，是不论别人怎么说，都会努力下去的人；而失败的人就是太注重别人的意见，没有主心骨。

认准了的事，就努力去做，大不了失败后从头再来；想减肥那么就制订计划坚决执行，等你瘦下来的时候，定会感谢努力的自己。

如果你不想让自己活成笑话，那么从今天开始请不要太看重别人的建议了，因为这等于给自己上了一个枷锁，当你想打开的时候，会发现早已无能为力。

那些真正优秀的人都努力地活出了自我，而不是在别人的意见里活成了一个笑话。

坚持到底，才会逆风翻盘

◎ 不放弃，才会得到命运的垂青

高中毕业后的一次同学聚会，笔者才知道同学中还有如此优秀的人，这个优秀并不是说他的人生取得了多大的成就，而是一种不放弃的执着。

他现在是我们县人民法院的一名法官。

当年高考，他没有考上心仪的大学，痛定思痛后选择了复读，拼命努力了一年，但还是落榜了。心灰意冷的他想要放弃，但骨子里的不甘心还是让他坚持了下来，再次复读。

命运仿佛特别喜欢和他开玩笑，这次的坚持依然没有结果，家里都劝他放弃，希望他安稳地找个工作，可他依然坚持，复读三年后终于考上了心仪的大学。

他笑着说："你们高中上了三年，我上了六年，好在最后战胜了自己。"

风轻云淡的一句话包含了太多的坚持。如果当时不是自己坚持，不是相信只有自己能改变自己，那么他又怎么会坚持下来呢？

生活中，我们每个人都想过上自己想要的生活，可如果你自己不去努力，选择放弃，那么没有人能帮助你。

一个人只有不放弃、不认输，命运才会垂青于他，才会给他最后的翻盘的机会。

◎运气，一定建立在实力的基础上

有个分享者特别喜欢唱歌。有人建议她多疏通下关系，该送礼送礼，争取最大限度地曝光自己，通过别人的帮助或许能实现自己的梦想，但是她拒绝了。

因为喜欢唱歌，所以她全力以赴。有段时间她疯狂练歌，练到嗓子沙哑是常有的事。但最后，这份坚持让她的歌唱功底越来越好，甚至能秒杀一些原唱。

后来，她去参加歌唱比赛，因为唱得太好了，一路过关斩将顺利地拿到了冠军，并很快和心仪的唱片公司签约了。

她成功后，很多人说她运气好。可她说："我不认为，运气一定是建立在实力的基础上，这世上从来没有横空出世的运气，只有不为人知的努力。"

她的话我特别赞同。在我们没有实现自己的人生价值前，请努力做好自己。当命运还未出现转机之前，请努力坚持自己。

命运女神总是偏爱那些敢于奋斗的人，而宝贵的机会也将落在有准备的人身上。

在实现梦想的路上，我们任何人都没有资格退缩，就算我们在这条路上找不到出路，也要想办法创造奇迹。

◎ 上天关上门，你可以推开窗

这世上，从来没有无缘无故的幸运，更没有随随便便的成功。你人生的好坏，其实都是自我选择和努力的结果。如果你为了梦想拼尽全力不认输，那么一定会得到一个好的结果。

生活中，经常有人感叹自己运气不佳，可让他们扪心自问下，都没有努力拼搏过，何来好运气呢？

我们都想走捷径，但谁都知道这是不可能的。我们一直抱怨上天给我们关上那扇门，却忘记了自己可以推开一扇窗。

人这一辈子很短，想要得到什么样的结果，就去努力坚持吧，无论什么时候你都要相信只有自己才能破局，因为你是自己世界里最强的那个人。

倘若你连自己都放弃了，那么整个世界都会放弃你，你这一生大概率也会被困，很难实现自己的人生价值，不是吗？

挺过黑暗，就会迎来光明

◎ 陷入低谷，要绝地反击

看《超级演说家》，选手刘媛媛的演讲给人的印象特别深，尤其是那篇《寒门贵子》。

刘媛媛说："我们大部分人都不是出身豪门，都是要靠自己的。你要相信命运给你一个比别人低的起点，是希望你用你的一生去奋斗出一个绝地反击的故事。"

她出身寒门，没有丝毫背景，没有可以依靠的人，但她有涅槃重生的勇气。命运给我们挫折不是为了让我们臣服，而是绝地反击。

我们身边有很多年轻人，整天无所事事却抱怨不断，觉得自己没有出身豪门，就算再努力下去也是白费，但事实上是这样吗？

法国作家巴尔扎克说："挫折和不幸，是天才的晋身之阶，信徒的洗礼之水，能人的无价之宝，弱者的无底之渊。"

一个人如果承受不了挫折的打击，那么他很难实现自己的价值。

遇到挫折，我们学会了自我安慰，生活那么难熬，我们学会了得过且过，仿佛生存在世间的一具行尸走肉，没有方向，也找不到未来。

笔者佩服那些为梦想奋斗的人，他们明知道这个社会存在不公平，但他们不愿意在不公平里沉沦，他们会用尽自己所有的力量打破这个局面，纵使粉身碎骨，也依然不悔这一生。

在黑暗中前行的人都是为了光明，你要相信，当你咬紧牙关绝地反击的时候，整个世界都会给你让路。

◎ 量变引起质变，成功需要厚积薄发

每个人都有梦想，但并不是每个人都能挺过黑暗的日子，纵使他们知道黑暗过去就是黎明，但也没有继续坚持的勇气。

很多人的一生就像池塘里的荷花，一开始用力地开，玩命地开，但渐渐地，看到距离开满池塘还有很大的距离，就开始感到挫败，甚至厌烦，结果在距离成功仅有一步之遥时选择了放弃。

这就是著名的"荷花定律"。

一定的量变积累才会达到最后的质变，成功需要厚积薄发，没有穷尽一切可能性，就不会有最美的未来。

人生就像一条漫长的旅途，有平坦的大道，也有崎岖的小路；有灿烂的鲜花，也会充满荆棘。

有多少人在荆棘面前退了步，又有多少人在挫折与坎坷里虚度了一生。

人活着不要奢求舒服，活着就要全力以赴。那些勇敢和实现自己价值的人，没有一个是一帆风顺的。

也许，在某一个时间段，我们会感到命运的无奈，看不见未来也找不到希望，只能感觉到心口的疼痛。可是，只有带着这些隐隐作痛

的伤口全力以赴，我们才有可能迎来璀璨的明天，不是吗？

◎ **坚持到最后，你就赢了**

罗素说过，人生应该像条河，开头河身狭窄，夹在两岸之间，河水奔腾咆哮，流过巨石，飞下悬崖。后来河面逐渐展宽，两岸离得越来越远，河水也流得较为平缓，最后流进大海，与海水浑然一体。

可是大多数年轻人坚持不到飞下悬崖的时候，所以也体会不到后面的风平浪静。

每个人都会经历黑暗，只是因各自人生道路的不同而经历的黑暗也不同罢了。

笔者见过那些为梦想披荆斩棘的人，有位分享者爱好写作，但是写了两年没有丝毫进步，甚至连看他稿子的编辑都觉得对不起他，觉得没有帮他提升。

后来他不想写了，有家杂志的编辑说："你再写最后一篇，如果再不行，那就放弃吧。"

他抱着忐忑的心写完了最后一篇约稿，当他以为还是没戏时，编辑通知他过稿了。

有次交流，他说："如果我当时放弃，那么现在肯定不会这样，但那段日子太难熬了，仿佛在没有边际的大海里随波逐流。幸运的是，命运会抛给你一块求生的木板。"

没有人会代替你，当你发现自己走得步履维艰，那么恭喜你，你的人生将会迎来一次重大的转变，当你熬过这段路，剩下的路就会非常顺畅。

没有什么工作是不辛苦的，没有什么江湖是一潭清水。每一个光彩夺目的人，一定有过在黑暗中前行的日子，而那段日子，一定会让你快速拥抱光明。

甜蜜的将来绝对不会一蹴而就，也不会从天而降，它会在你坚持的岁月里，慢慢生出璀璨的花朵，这些花朵足够惊艳你，不是吗？

人这一生，拼的是扛事能力和自愈能力

几乎每个人都想做生活的强者，都想享受生活而不是被生活折磨。很多人觉得强者的一生会特别顺畅，不会遇到挫折。

实际上真的不是这样，生活顺畅并不是强者的标配，真正的强者是能扛住生活的不如意的。他们面对生活的刁难会微微一笑，好像这事不是发生在他们身上，而是发生在别人身上。

一个人若是能扛得住生活的刁难，便能把生活中的一地鸡毛扎成漂亮的鸡毛掸子。真正的强者并不是日子过得多么顺畅，而是面对不顺畅的日子，有扛事和自愈的能力。

◎ 能扛事的人，了不起

说到扛事，看似简单，实则不简单，扛住说容易也容易，说难也难。面对生活的磨难，很多人是扛不住的，他们总会抱怨自己是最倒霉的人，可真的是这样吗？

你可能觉得这个世界不公平，觉得所有的人日子都过得一帆风顺，只有你不是，换言之你是这个世界上最倒霉的人。

实际上，大多数人的日子大同小异，遇到的磨难也几乎差不多，只是有人能扛住，有人扛不住罢了。

具备扛事能力的人即便是生活一地鸡毛，他也无所畏惧，而是微笑着接受这一切，用自己的力量改变这一切。他坚信只要具备了拨开云雾的能力，就定会见到天晴。

扛不住的人则不这么认为，当困难来临时他会过早屈服，只会抱怨，最后让自己过得越来越糟糕。

那些把日子过得风生水起的人，都是经历磨难的人，这些磨难在他们看来是一笔很大的财富，正是因为有了磨难才有了这美好的生活。

在单位里遇到排挤也罢，学业遇到挫折也罢，这些都无法避免，但我们可以决定用什么样的方式来面对，是咬牙扛住继续前行，还是不知所措消极对待。

你选择用怎样的方式对待，决定了你会过怎样的生活。

曾创业失败的分享者说，当时几乎所有的人都以为他废了。

他对创业成功的执念太深，觉得自己怎么也不可能失败，可是结果却事与愿违，所以朋友怕他做出傻事，想着好好安慰他。但没想到他依旧谈笑风生，好像这事根本没有发生过。看到他这个状态，他说："朋友突然觉得他们的担心多余了。哈哈。"

分享者又说："我这人扛事的能力特别强，我知道如果自己不扛住，那么只会让未来的日子过得更加艰难。"

作家苏岑曾说："在心情最糟糕的时候，仍会按时吃饭，早睡早起，自律如昔，这样的人才是能扛事的人。人事再乱，打不乱你心。人，不需要有那么多过人之处，能扛事就是才华横溢。"

在这个世界上，每个人都不轻松，都在坚持和放弃之间努力选择。人这一生没有受不了的苦，只有享不了的福。就算很累，也要努力扛住，只有扛住了，一切才会皆有可能。

◎ 能自我疗愈的人，真的很厉害

在影视剧中，我们经常看到这些场面：某某大侠被坏人打伤，他会独自到一个地方进行自我疗愈，然后就想通了什么事，学会了更高的功夫。

相较于身体上的疗愈，精神上的疗愈更为重要，因为这需要一个人突破自我，破茧成蝶，也只有做到自我疗愈，才能更好地实现自己的人生价值。

遇到人生的苦你要做的是积极从容面对，而不是消极逃避。只有具备兵来将挡、水来土掩的勇气，你才会遇到一个全新的自己。

怕就怕你自我否定，把自己看扁了。试想一下，如果你都觉得自己不行，怕是整个世界都会觉得你不行吧？

一个失去自我疗愈能力的人是特别可怕的，他的世界也注定是一片荒芜。

成年人的世界虽然有诸多不易，但懂得自我疗愈就能把生活过成自己喜欢的样子。成年人的快乐真的没有那么复杂，一点点甜就可以让人嘴角上扬，一点点感动就能让人泪光闪闪。

人生很短，你要活出属于自己的精彩，最好能于困难中坚守，让你的人生更加精彩；最好能拥有一个好心态，把日子过成自己喜欢的模样。

生而为人真的不易，愿我们每个人都能具备扛事和自愈的能力，就算自己暂时身处泥泞，依然可以用最好的姿态仰望星空，好吗？

越是难熬，越要做精神高贵的人

我们这一生不管贫穷或者富有，总会遇到不如意的地方，面对这些不如意，每个人的处理方式完全不一样：有人怨天尤人，最终活在痛苦中；有人积极努力，活成了自己喜欢的样子。

外部的环境并没有变，而之所以出现上述两种相反的结果，是人自己内心的不一样，是在于精神的高贵与否。它无关贫富，只是精神性的，也就是说，精神高贵的人，就算物质方面暂时遇到困难，也不会怨天尤人，会依然做好自己。

我们之所以喜欢谈精神方面，因为精神的力量是很重要的，它可以在黑暗中给我们力量，让我们疲惫的心得到救赎。每个人都想做一个精神高贵的人，但并不是每个人都能做到。

要谈精神高贵，作家木心是永远绕不过去的人。在这个快节奏的时代，我们精神世界多是孤独的，木心却身体力行地告诉我们什么才是真正的精神高贵。

◎ 不虚度光阴，不忘记初心

在这个世界上，几乎每个人都想做一个精神高贵的人，可是精神高贵并没有那么简单，很少有人能守住自己的初心，不虚度光阴。

我们知道自己想要什么，可是并不能为了这个想要而坚持到最后。你能为了想要而努力做到，不忘了自己的初心，那就没问题了。

熟知木心的人都知道，他一生过得特别苦，可是即便这样他也没有抱怨一句，也不会因为生活的困苦而改变自己。

他该是什么样的人还是什么样的人，并没有因为生命的磨难而改变。

木心曾写过这样一句话："看清世界荒谬，是一个智者的基本水准。看清了，不是感到恶心，而是会心一笑。"

人活着自然会遇到很多问题，遇到了看你怎么面对，看清生活之后能依然热爱生活，那么你就是一个精神高贵的人。别人改变不了你的初衷，你知道自己应该怎么活，会一直恪守自己的活法。

时光太匆匆，我们想活成自己喜欢的样子很难，想成为一个精神高贵的人也很难，只有守住初心，不虚度每一分每一秒，才算是真正活明白了。

生而为人一定要知道，在这个世界上真正精神高贵的人是时刻学习的，越是浮躁的时候他们越懂得潜心研究，越知道自己想要什么。

◎坚定信念，人生就会迎来转机

木心曾在文章中写道："有人说，时间是最妙的疗伤药。此话没说对，反正时间不是药，药在时间里。"

也许你像木心一样，正在经历生活中的黑暗，但请你也要像他一样，相信黑暗过后就会有光明。只要你能咬紧牙关，心中的信念不破灭，那么你的人生总会迎来转机。

也许你曾真的不堪一击，但只要你坚信光明，坚信未来，终究会实现自己的人生价值。

一个人身处黑暗并不可怕，可怕的是不再相信光明，不相信光明了，那么精神世界就是贫瘠的，自然也就很难成为精神高贵的人了。

这个世界上真正厉害的人，把精神世界看得特别重要，虽然在人生的过程中会遇到一些困难，但他们不会屈服，相信终究会拨开云雾见天晴。

◎ 心态积极，专注自己的生活

人不是孤立的个体，会和这样或那样的人有交集，甚至会受到别人的影响，让自己的人生有所改变。

也就是说一个人没有一个积极的心态，不能专注于自己生活的话，会在与别人交往的过程中改变自己，从而失去真实的自己。

木心经历过这一切，可是他完全没有这么做，因为这样做就违背了自己的内心，这样的生活他宁愿不要。

真正精神高贵的人是懂得怎样生活的人，他知道自己内心的渴望，知道自己想要过什么样的生活，为了能过上这样的生活，他会不惜一切代价。

每个人都希望生活如自己所愿，希望自己的生活达到一个高度，但实际上这是错的，生活从来没有高度可言，因为每个人的活法不一样。

人生重要的不是终点，而是过程，看你过得怎样不是看终点是否飞黄腾达，而是看过程是否过得幸福。

就像纪伯伦所说的："如果有一天，你不再渴求爱情，只是去爱；你不再渴望成功，只是去做；你不再追求成长，只是去修；一切才真正开始。"

人生匆匆不过百年，往后的日子里，真的希望每个人都有积极的心态，都能专注于自己的生活，不攀比，也不浮躁，即便深陷泥潭，也要仰望星空，让灵魂找到栖息之所。

当一个人知道自己想要什么，并为之去做了，那么日子就会越过越美好，不是吗？

心态好的人，都有这三种习惯

生活可能不会朝着我们预想的轨迹发展，会有很多意想不到的麻烦。面对这些麻烦，若是我们想开了自然没事；若是想不开，注定与痛苦为伍。

林清玄老师曾说，人生不如意之事十有八九，常想一二，不思八九，事事如意。

这些我们都知道，但是很大程度上做不到。笔者承认成年人的压力很大，但依然认为没有大到吃不上饭，没有大到活不下去，既然还没有到这一步，则说明还有机会，有什么好痛苦的呢？

这世上原本有很多简单的快乐，但是复杂的我们却给它们上了锁，我们总想着拥有，却很少愿意接纳，总想着让自己幸福，却很难调整自己的心态。

走过半生，蓦然回首才发现我们是自我折磨，与其承受痛苦，不如默默调整自己的心态，重新拥抱快乐。

一般来说，心态好的人，会有这三种习惯——其实只要有一种就很了不起了。

◎ 不盲目攀比

人与人相处，不能总想着盲目攀比，否则痛苦的只能是你自己，本来可以把生活过好，但因为攀比而让自己很疲惫。

别人有大房子，你也想要；别人有豪车，你也想要，但你要知道别人的能力、运气以及家境都和你不一样，既然不一样有什么可比性呢？

别人买套大房子易如反掌，你拼命努力并附带家里的帮助才能勉强付一套小房子的首付，这就是现实，一个人只有认清现实，调整好自己，才能过得更开心。

前段时间，笔者看了一个新闻：有一位在河北居住、在北京上班的女孩，每天花在路上的时间差不多4个小时，早上5点左右走，晚上9点左右回来。

一天两天大家都能接受，忍一忍也就过来了，但是时间长了，怕是就不行了。按理说这样的生活是不会幸福的，应该会非常疲惫，但面对采访，这个女孩表示自己特别幸福。你可能以为这是她为采访特意说的话，其实并不是，她是真的特别幸福。

她表示虽然会在路上花一些时间，但是很快乐，她没有想过在北京买房子，因为实在也买不起，既然知道是这样的结果，也就没必要羡慕别人。她深深懂得日子是自己的，过好自己的日子比什么都强。

真是这样，生活是你自己的，与别人没有半点关系，若你非得扯上关系，这不是典型的自讨苦吃吗？

人这一辈子很短，怎么过都是过，但无论怎么过你都要幸福快乐，若是没有了幸福快乐，那么日子也就过得没有意义了。

卡耐基曾说："生活中的许多烦恼，都源自我们盲目和别人攀比，而忘了享受自己的生活。"因为攀比，我们忘了自己的生活，忽略掉了属于自己的幸福，等到真正想明白的时候，一切都晚了。

人这一生真没必要强求，是自己的丢不了，不是自己的得不到，既然如此，知足常乐未尝不是一件幸福的事。

◎不斤斤计较

这世上没有一件东西是完美的，既然不是完美的，自然有瑕疵，我们没必要斤斤计较，因为计较来计较去最终还是让自己痛苦。

一个人若是斤斤计较了，那么人生是不可能有满意的事的。

曾看过一个哲理故事，挺有感触的，这个故事特别简单，但很好地诠释了斤斤计较的危害：有一位富人得到了一颗珍珠，这本来是很好的一件事，富人一开始也特别高兴，但当他仔细观察珍珠的时候，却发现了珍珠上有一个小黑点，虽然不细看看不出来，但富人就是难以接受。

他找师傅想把这个小黑点打磨掉，师傅告诉他这个小黑点不影响珍珠，若是执意打磨很可能光泽会远远不如以前。

尽管师傅好言相劝，但是他还是坚持自己，并表示如果不打磨掉，自己夜不能寐，很难感受到快乐。

师傅没有办法，只好同意，经过师傅的层层打磨，珍珠的小黑点消失了，但也正如师傅所说，光泽度远远不如以前。虽然富人非常懊恼，但也没有办法了。

很多时候，我们和这个富人一样，凡事总是喜欢计较，追求完美，以为真的能得到完美，但最后却发现更不完美。

周国平老师曾说："大智者必谦和，大善者必宽容。唯有小智者才咄咄逼人，小善者才会斤斤计较。"

一个人的心若是宽似海，想不幸福都难；要是只知道斤斤计较，自然是很难拥抱幸福的。

◎ 不过度焦虑

这个社会，几乎每个人都焦虑，有钱的人焦虑，没钱的人也焦虑，好像只要不焦虑就不是人生了。

简单来说，焦虑不过是担心自己的表现达不到预期，是害怕那些还没发生的事情，也就是说我们期待值过高，等到无法实现的时候会特别难受。

不要觉得焦虑会给自己带来动力，因为它更多的时候带来的是阻力。我们最好的活法就是按照自己的节奏来，其余的真没必要考虑这么多。

想想，人这一辈子有什么好焦虑的，是吃不上饭了，还是活不下去了？

有个分享者说自己在事业上遇到了瓶颈，一直特别焦虑，头发也是大把大把地掉。笔者劝他不要这样，他说我不是他，根本不懂他的苦。

坦白来说，笔者确实不懂。但那难道不是暂时遇到的困难而已吗？不是什么难以逾越的鸿沟，至于天天焦虑吗？

作为人，有时候我们确实挺想不开的，明知道焦虑不会解决任何问题，还一直选择焦虑，以为这样能把日子过好，殊不知这样只会把日子过得更糟糕。

布雷默曾说："真正的快乐是内在的，它只有在人类的心灵里才能发现。"

人生苦短，成全自己吧。我们来到这个世界上是为了寻求快乐的，若是快乐找不到，只剩下痛苦，那么生活又有什么意义呢？

行动破局

行动，是改变一切的开始

你并不是缺能力，而是缺执行力。一个人与其一直停留在想的层面，还不如努力地去做，至少这样不会给自己留下遗憾。

改变邋遢的外表，灵魂才能更有趣

◎ 邋里邋遢并不是个性

小宋打电话说自己最近比较烦，当笔者问他原因的时候，他有些无奈地说："还不是工作的原因，真没想到上了这么多年学，找份工作竟然这么难。"

小宋说这话的时候，笔者觉得这事不可能。小宋在大学的时候是学生会主席，无论学习能力还是社交能力，都非常高，按理说他找份工作应该易如反掌，除非他对单位的要求太高。

笔者本想打电话和他说先放低自己对工作的要求，等时机合适了再说，没想到小宋说："我已经够放低姿态了，但是就没有单位肯接纳我。"

后来，小宋过来找笔者玩的时候，笔者终于知道了事情的真相。

那天，笔者去车站接他，但直到那一辆车的人都走了也没有发现他。正当笔者继续寻找他的踪影时，小宋从背后拍了一下说："姐，混好了不认识我了？"

讲真，笔者真的不相信眼前这个人是小宋：乱糟糟的头发配上一件宽大的T恤，一条洗得发白的裤子配上一双不知道几个月没刷的运动鞋，样子仿佛街边的流浪者。

笔者笑着问："怎么把自己弄成这样了？"

笔者原本以为他会说自己最近经济状况不好，但没想到他说："你懂什么，在我看来这是个性，难道你没有觉得很帅吗？"

他说完后，笔者真不知道该如何回答。

吃饭时，小宋告诉笔者，他经常穿着这一身去面试工作，但是没有单位接纳他。笔者说："为什么不收拾下自己？你这样单位怎么要你，要是不知道的，还以为你精神不太正常。"

小宋说："我相信是金子总会发光的，不要我是他们的损失！"他这句话还真噎了笔者一下。

◎ 外表整洁，对别人是一种尊重

小宋真是个能力非常强的人，但是他邋遢的外表让很多用人单位不愿意接收。

虽然他一直标榜自己是一块金子，但笔者觉得他却在无意中掩盖了自己的光芒，更可悲的是他却根本不懂得改变。

别人对你最初的判断就是通过你的外表，如果你的外表很邋遢，那么即使灵魂再丰盛，我想也少有人愿意去了解，因为你给他们的第一印象真的很不好。

外表整洁的人总会给别人一种亲切感，这种感觉会让很多的陌生人乐意靠近你。他们愿意静下心来倾听你对未来的看法。换句话说，别人是否愿意了解你丰盛的灵魂，完全取决于你的外表。

小宋后来终于明白一个人外表整洁的重要性，当他让自己焕然一新后，很快就找到了自己心仪的工作。

后来，小宋对笔者说："以前我以为一个人的外表是否整洁并不重要，吃过苦头后，我才知道当时的自己是多么愚蠢。"

其实，把自己最好的面貌展现出来，是对别人的一种尊重，懂得尊重别人的人，别人也会善待你。

◎外表整洁的人，运气不会太差

分享者小张说，他的家庭条件不是很好，为了能在单位里立足，比别人付出了更多的努力。

去年新闻部竞选主任，没想到资历尚浅的他竟然被选上了。事后，他听同事说："没想到小张的运气竟然这么好！"

小张自己也说，如果要论资历，他根本没有竞选的机会，因为无论在能力上还是处理人际关系上，他都不是其他竞选者的对手。

但为什么命运偏偏垂青了他？

后来，笔者才知道小张并不是运气好，这一切实际上都是他为自己赢来的。

在大家的眼里，小张是一位外表非常整洁的人，虽然上班时间很紧张，但是他都会把自己收拾得非常整洁。

他说："有一次，我和几个同事一起吃饭，只有我穿得非常正式。同事打趣道：'出来吃饭，没必要把自己打扮得这么好吧，不知道的还以为你要相亲呢！'"

讲到这儿，小张笑着说："这么多年，我早就习惯了，要是穿得不整洁，我总觉得浑身不舒服，不仅做事情没有激情，而且还会出错。"

竞选新闻部主任的时候，小张和单位里另外一位同事是平票，由领导来做最终决定。当把名单报上去后，领导说："就让平常穿得整洁的那位小伙子来做吧，我相信能把自己收拾整洁的人也一定会把工作做得漂亮。"

因为领导的这句话，小张终于如愿以偿。

笔者一直觉得坚持外表整洁的人必定也是成功的人，因为他们懂得尊重别人，懂得给别人一种亲近感，这样的人一定会得到命运的垂青，取得自己想要的结果。

◎ 你的形象，就是你的名片

生活中，虽然我们一再强调，不要过分关注一个人的外表而忽视了他丰盛的灵魂，但我们要正视一点：一个人的形象其实就是他的一张名片。

衣着得体、外表端庄是对他人的尊重，也是自我成熟的表现。

分享者说，自己因为单位的事情，要经常搭乘一辆车。每次上车后都感觉非常不舒服，车里不仅空气质量差，而且司机师傅的穿着非常随意。虽然他几次忍不住表示了自己的不满，但是对方根本没有当回事。

后来，他换了一辆车，这位司机师傅每次出车前不仅把自己的车收拾得非常干净，而且穿着也非常得体，给人一种很舒服的感觉，坐在这样的车上真的是一种享受。

外表整洁是一个人最基本的修养，如果一个人连自己的形象都顾不了，他又怎么会顾及单位的形象？这样的人没有人会喜欢。

也许你会觉得别人有眼无珠，不会透过表面看到你内心的本质，不会透过你邋遢的外表看到你丰盛的灵魂。可是你能透过邋遢的外表看到别人丰盛的灵魂吗？

杨澜说："没有人有义务必须透过连你自己都毫不在意的邋遢外表去发现你丰盛的灵魂，一个年轻人必须学会整洁，才能让世界更好地认识自己。"

在我们的生活中，你会发现除了那些投机取巧的暴发户，没有一个真正有能力的人形象邋遢、口齿不清甚至气质低俗。整洁的外表对一个人来说非常重要。

一个人的长相气质、举止打扮都会给别人留下难以改变、先入为主的主观印象，其次才是你的性格、能力以及处事方式，也就是所谓的丰盛灵魂。

跟你第一次见面的人们，除了看你的外在，没有时间对你深入了解。

而且，你的外表藏着你未来的样子，你呈现给别人什么样的外表决定了你有什么样的未来：着装精致的人，一定审美高超；身材紧致的人，一定自律又积极；那些妆容精致、发音标准的人，也一定有良好的素养。

对于找工作，外表是否整洁对求职者来说太重要了。笔者想，面试官对待履历差不多的两个人，一定会选择外表整洁的人，因为这样的人会让他们感觉很舒服。

聪明的人从来不去讨论外表整洁重要还是内在能力重要，因为他们选择都要。

　　人们看到的，永远是外表整洁在前，能力在后，所以一个人想取得好成绩，那么就一定要注重外表。

　　也许你觉得是金子早晚会发光，但请不要用你邋遢的形象来覆盖金子微弱的光芒。

　　如果你现在不立即行动改变你邋遢的外表，那么就可能失去很多机会，因为别人真的没有时间通过你邋遢的外表去发现你丰盛的灵魂。

你并不是缺能力，而是缺执行力

◎ 想要结果，就要果断行动

去年，有个文友觉得写作市场很火，决定自己也写东西。平心而论，这位文友的水平不错，高中作文还有几次是满分，得过新概念作文大赛一等奖，是很多人羡慕的对象。

半年过去了，笔者原本以为她应该有作品见刊见报，但没想到一问啥也没有。有次在微信上闲聊，笔者问她原因。她说："我还没开始写呢，总觉得不知道写什么，索性就搁浅了。再说，估计我写了也没有人要，还不如不写。"

她的话让笔者无言以对，只是觉得非常惋惜，一个有良好写作功底的人就这么废了。

很多时候，我们并不是能力不行，而是缺乏执行力。想得太多是大多数年轻人的通病，遇到问题首先想到的是困难，而不是怎么解决困难，因为害怕，梦想就只能是梦想了。

凡事如果你去做，可能会成功也可能会失败，但如果不去做，那么好像只能失败。有很多人遇到事情会犹豫不决，想等待一个绝佳的机会，殊不知，在你犹豫的时候，具有超强执行力的人已经在做了。

生活中我们会发现，起点低的人也能超过起点高的人，原因并不是他怎么怎么样，而是他有执行力。

◎ 相较于能力，执行力更重要

有个分享者跳槽到一家外企工作，刚去公司的时候，因为有很多聪明的想法，所以深得顶头上司的照顾。有一次他跟上司说自己的想法时，上司竖起大拇指说："真是个好主意，你一定要尽快形成策划方案！"

上司原本以为这位分享者说完后会立即去执行，但没想到他根本没做，只是一直停留在想的层面。

后来，上司要去开会，急匆匆地对他说："上次说的那个方案做好了吗？我要用来跟对方谈合作。"

分享者支吾着说："对不起，我还没做呢，请再给我点时间。"

这下上司火了，因为此时时间差不多过去一个月了，上司没有给这位朋友任何机会，直接把他开除了。

这位朋友觉得委屈，他在微信上和笔者吐槽："不过没做好方案而已，这外国人真难伺候！"

他说这话的时候，笔者并没有说什么，也许他到现在还没有意识到执行力对一个人乃至一个企业到底有多重要。

很多时候，员工的能力并不是最重要的，执行力才是。企业里表现好的员工可能不是能力最强的，但一定是执行力最强的，绝对会把眼前所有的事情都处理得井井有条。

一个人与其一直停留在想的层面，还不如努力地去做，至少这样不会给自己留下遗憾。

◎不要等待和犹豫

生活中，有很多人就是这样：总说要开始减肥，可是几个月过去了没有丝毫进展；发誓要早睡早起努力读书，可刷完手机一看已经凌晨两点；下定决心要攒钱来实现自己微小的梦想，可每月花呗照样还款——总和别人谈及自己的梦想，却从来没有执行的动力。

有个人对画画很感兴趣，但他迟迟不敢开始，一直拖着。有一次他跟朋友说："我很喜欢画画，可一直不敢开始，怕自己画不好。"

朋友说："暂且不说你能否画好，但你不去开始，又怎么知道自己画不好呢？"

你我身边不乏这样的人，虽然心中有很多美好的想法，但从来不敢开始，因为惧怕失败，所以一直在逃避。可你知道吗？等待和犹豫才是这个世界上最无情的杀手。

如果想考研，那就马上努力学习，别一直停留在想的层面；如果想减肥，那就管住嘴迈开腿，千万别只是说说而已。

如果能力还不错，就更不要停留在想的层面了，因为这样只会害了你，让你离自己的梦想越来越远，不是吗？

真正的高手，不会左顾右盼

◎认真专注，才能走得更远

阿青入职公司两年，很快从普通员工晋升为策划经理，她这个变化让同事、朋友羡慕不已，纷纷感叹她运气好。熟知阿青的人都知道她能力一般，所以这么短的时间内得到晋升更是觉得突然。

机缘巧合下她加了笔者的微信，笔者问她有什么秘诀吗。她笑着说："哪有什么秘诀啊，认真努力地工作呗！"

笔者说："你就别卖关子了，快点告诉我呗。"在我的软磨硬泡下，阿青说了实话。

跟她同时进公司的有两个人，能力都在她之上，但这两个人都有一个毛病，做事一点也不专心，经常会分心。

刚去的时候，有个老同事吐槽某个经理，说他怎么怎么不好，这两个人就跟着附和，为此他们还专门建了一个群，私下里吐槽这个经理。当他们邀请阿青时，阿青拒绝了，因为她觉得这对自己的成长没有丝毫帮助。

就这样，阿青把有限的时间全部用在了工作上，平时努力学习，虽然自己的理解能力有些差，但她足够认真。另外两个人则只要空闲就会闲聊、吐槽别人，工作也是做得一塌糊涂，最后的结果也就很明显了。

一个人的时间是有限的，把有限的时间用好才是明智之举。如果你一直左顾右盼不提升自己，就很难有成就。你可能享受吐槽别人的过程，可你要知道这只会害了你，会让你一无所有。

◎ 左顾右盼，会毁了自己

阿坤高中毕业后就出来工作，后来觉得自己学历实在不行，就想通过成人高考改变命运。这个考试本来很简单的，但阿坤还是没有考过。

我们在微信上聊起这件事，阿坤说："别提了，都怪我自己，要是能认真学习，肯定没问题的，可是我最终败给了自己。"

在笔者的追问下，阿坤说了实话。原来报名后，网上授课老师把他们拉在一个群里学习，刚开始阿坤劲头十足，但后来就失去了动力，天天和学员私聊或者开着网课玩。

笔者对阿坤说："你不把时间用在学习上，反而左顾右盼做一些不相干的事情，你这样很难成功。"

很多时候，我们会为自己的懒惰找理由，但终会明白这么做有多么愚蠢。

◎ 专注努力，更容易实现理想

真正知道自己想要什么的人，绝对不会让一些细枝末节扰了心智。

大学毕业后，笔者也曾犯过这种错误，在报社做记者的时候，因为觉得薪水比较低，经常利用休息时间出去做一些兼职，这样一来时间被分散了，报道写得越来越差。

本来当时是想用休息的时间努力学习的，但却被一些琐碎的事情牵扯了，把宝贵时间全部浪费了，最后什么也没有做成。

后来关注自己和身边人，发现真是这样，那些认真、专注、不关心琐碎事的人在各行各业都成功了，而那些左顾右盼、不知所措的人最后都失败了。

取得成功最好的办法就是知道自己想要什么，然后为了这个目标全力以赴地去奋斗。

当你对事情左顾右盼时，你注定会变成一个失败者。只有踏踏实实地努力，认认真真地学习，你才能成为一个真正的高手。

一个左顾右盼不知道努力的人，别人想拉你一把，都找不到你的手在哪里。只有踏实地努力了，才有资本实现更多的理想，才有能力抵抗这个竞争残酷的世界，也只有这样，自己的未来才有可能是一片光明。

有梦想的人很多，但行动的却很少

这个世界上每个人都有梦想，但并不是每个人都会行动。"纸上得来终觉浅，绝知此事要躬行"，相较于想，行动才是最重要的。

克雷洛夫曾说过："现实是此岸，理想是彼岸，中间隔着湍急的河流，行动则是架在河上的桥梁。"

一个人如果没有为梦想付诸行动，那么再大的梦想也是空想，不付诸实践，就无法验证它的可行性，达不到最终的目的。

◎ 没有行动，梦想就是空想

若兰在报社工作。她一直有一个翻译梦，希望自己有朝一日能成为一名翻译家。为了这个梦想她曾全力以赴，报过英语辅导班。

她身边人以为她就要发奋了，没想到她仅坚持了几天。一天晚上，笔者和她打电话，问她在做什么。

她说："我正在和朋友逛街呢，你有什么事情吗？"

当笔者说以为她在上英语课时，她竟然说："学英语太苦了，况且我都学了好几天了，今天就暂且休息下吧。"

笔者："……"

如果真是暂时给自己放个假，或许她还赶得上，但可怕的是她一直在给自己放假。

这世上没有随便实现梦想的人，那些在台上辉煌的人，谁知道他们经历了多少无人问津的努力？

其实，梦想就像挂在枝头的果子，如果你不踮起脚努力争取，又怎么会获得呢？当梦想实现不了，我们总是找各种理由不断安慰自己，每天得过且过，最终让梦想变成了空想。

◎ 再完美的计划，不行动就是摆设

王青是一个胖子，当别人都劝她减肥时，王青并没有在意，但一次路人的嘲讽彻底伤了她的自尊心。

那天她穿着漂亮的裙子，和朋友准备趁春光正好去美美地赏春拍照。公园人很多，都是来踏青观花的。王青和朋友一路拍了很多美照，这一次她照例倚靠在盛开的花前让朋友拍，没想到路人瞥见了，下意识说："这人有点胖啊！"就这么一句平淡的话，让王青无地自容。回来后，她发誓要减肥，不减不为人的那种决心。

她制订了各种瘦身的计划，寻找了大量的关于瘦身的文章，搜集了各种瘦身的视频，还打算通过药物减肥，但后来听说药物副作用很大，就放弃了。

她给自己制订了一张一年的计划表，每天几点到几点是跑步时间，一周至少要跑多少公里，一个月要跑多少公里，每个月希望自己能减多少斤，等等。

然而几个月过后，她还是老样子，她的朋友说："你不是减肥吗，难不成没有效果？"王青说："减肥太苦了，我根本跑不动，只要一跑就喘，后来我想明白了，没必要受这份罪。"对于她的话她朋友不置可否。

其实，很多人都是这样的，有目标但从来不行动，或者只有三分钟热度，所有的梦想只不过是停留在计划上。

梦想不是空想，需要你用汗水和心血去辛勤浇灌，需要你付诸行动，也只有这样，梦想之花才会结出丰硕的果实。别人嘲笑你的永远不是你的梦想，而是你不能为梦想付诸行动。

在追逐梦想的道路上，我们每一个人都是勇士，只要你能把梦想付诸行动，那么梦想就不是空想，你就能更好地实现自己的人生价值。

◎ 为梦想全力以赴，才会有奇迹

这世上从来没有一步登天的好事，那些实现梦想从而活出自己价值的人不过是一直在努力行动，因为他们懂得"凡事预则立，不预则废"的道理。

有句话说得好："成大事不在于力量的大小，而在于能坚持多久。"成功看似来自机遇，其实是源自机遇之前的持续行动。

在梦想面前，每个人都有属于自己的一片蓝天，只要你努力一点，坚持一点，所有的障碍都是虚幻，在你满腔的热血面前化为乌有，变成你前进的动力。

当你有了梦想，那么就不要犹犹豫豫，也许行动后依然没有实现，但如果不去行动，那么梦想就真的只是个梦了。

　　每个人的梦想都各不相同，有的人梦想一屋两人三餐四季，有的人梦想心怀猛虎，梦想星辰大海。但不管你心里的梦想是什么，终要一点点去行动，也只有这样你的梦想才会闪闪发光。就如同一块铜板，只有经过长时间的打磨，才能成为一面闪着光芒的镜子。

　　这世上真的没有毫无理由的成功，梦想的实现不过是付诸了行动，当你为梦想全力以赴时，时光自然不会辜负你这个追梦人，不是吗？

你的活路，需要自己拼出来

◎只有拼尽全力，才会有活路

一天早上在一个群里聊天，突然看到一句话，深以为然："活路不是别人给的，而是你自己杀出来的。"这句话确实很有道理，很多时候，我们总是抱怨上天对自己不公平，但从来没有想过自己为此做了什么。

活在这个世界上，如果你不奋力去拼杀，那么活路也有可能变成死路。相比后悔时痛苦地自怨自艾，还不如现在努力地杀出去，至少这样还有成功的机会。

在安逸的生活面前，每个人都想不思进取，但这绝不能成为打垮你的理由。很多时候我们总是抱怨自己运气太差，殊不知这一切都是自己造成的。

《士兵突击》中有一句话："想要和得到，中间还有两个字，那就是要做到。"笔者很欣赏这句话，也明白了完成一件事要付出多大的努力。

在这部电视剧中，许三多被父亲整天骂"龟儿子"，性格胆小、自卑、懦弱，跟同村的成才根本没法比。进入部队后，成才成了各大连队争抢的对象，而许三多没有人愿意要。如果说他还有点幸运的话，那就是跟了一个好班长。

是的，摆在许三多面前的就是一条死路，如果自己不杀出去，那么一切就这样结束了。但最终他明白了自己想要什么，所以为了这个结果他拼尽了所有的力气，终于让自己逆袭。

命运对每个人都是公平的，你做了什么它都会有记录，如果你为你想要的疯狂努力，那么结果一定是好的，也一定会有很多条活路等着你去挑。但如果你无所事事，随便应付，那么结果必然会非常糟糕，到头来不过是死路一条。

鲁迅曾说："哪里有天才，我是把别人喝咖啡的时间都用在写作上。"

这世上所谓的天才就是对工作全力以赴的人，就是为自己人生路披荆斩棘的人，就是拼命为自己找活路的人。

◎ 只要是内心渴望的，就值得争取

分享者赵哥，大学毕业后没有留在大城市，而是回到了小城市创业。

他本来在大城市能找一份不错的工作，但他依然放弃。为此，家人不理解他。他父亲说："为什么说了你就是不听，你回来创业不就是死路一条吗？"

赵哥看了一眼父亲说："我总有一天能成的！"

创业是何其艰难啊，每走一步都是摸着石头过河，甚至稍有不慎会满盘皆输。更何况赵哥做的是咨询管理公司，很长一段时间毫无起色。

三年前，赵哥给朋友打电话，他在电话里问朋友借两万块钱。朋友问他怎么了，赵哥说现在需要周转下，朋友很快把钱给他打了过去，但还是说："赵哥，既然不行就别折腾自己了，这样也没什么意义。"

赵哥说："谢谢兄弟，我再努力一把试试。"

后来，他联合市政府创立了创业大学，这是他们市里唯一帮助社会人员就业的大学。很快他积累了很多的人脉，当得知他做企业管理咨询时，很多企业纷纷邀请他做顾问，他终于在自己充满波折的人生中杀出一条活路。

笔者问他当时为何如此坚持，赵哥说："每个人内心都会坚持一些东西，虽然可能会付出昂贵的代价，但这是你内心渴望的，就值得去争取，我相信总有花开的一天。"

事实上真是这样，创业之所以难就是因为常人坚持不下来，面对一个一个困难束手无策，甚至会把可能的活路变成死路。

但一个人如果不为自己的梦想努力，那么当别人想拉你一把的时候，都找不到你的手在哪里。当你自己都觉得前面是死路一条了，那么可能就真的没有活路了。

◎不为自己努力，活路会变成死路

我佩服那些坚持的人，更佩服那些想尽一切办法为梦想找活路的人，一个人如果没有了梦想，那么跟咸鱼有什么区别！

有个没有梦想的人，虽然他跟每个人都说自己要怎样，但是他从来不会去做，因为害怕失败，根本不去尝试。

他有大把的时间可以利用，但他没有，而是把时间浪费在无聊的肥皂剧上，浪费在刷短剧上。公司裁员时，他赫然在列。

领导说："对不起，我没有办法不这么做，公司里面不会养闲人，以你目前的能力根本不能胜任现在的工作。"

你偷的懒，就是给未来挖的坑，这一切都怨不得别人，只能怪你自己。一个人只有努力实现自己的梦想，成为自己的英雄，才能无悔这一生。

◎ 选择安逸，真的会毁了自己

有些人沉迷安逸，不想去改变，殊不知安逸使人丧失斗志，会让你成为温水中的青蛙，一旦遇到危险，那么就会陷入被动当中，最终死路一条。

在这个充满挑战的世界上，活路真的不是别人给的，而是你自己杀出来的，如果想时刻拥有活路，那么就要养成随时随地学习的能力，克服自己的懒惰。为了梦想全力以赴，这不仅是一种纵向的自我提升，同时在横向上也是对自我人生的一种丰盈。

如果你想走得更远，那么千万不要放弃学习的能力，这个世界是变化的，谁也说不上会在什么时候遇到危险，我们唯一要做的就是让自己变强，也只有这样才能所向披靡，更好地实现自己的人生价值，不是吗？

三分钟热度的人，很难有未来

每年年初，大多数人都会定出自己的目标，至于自己做得到还是做不到，完全不考虑，只是定出来而已。

刚制定目标的时候，自己都会被自己感动，但是最后却一点也没有实现。一年要看多少本书，但是最后却一本也没有看完；每天要跑多少公里，最后却发现跑的次数一巴掌就能数下。

这就是对三分钟热度的人最贴切的描述，他们总是想得特别好，但执行力几乎为零。不是他们做不到，而是他们根本不去做。

试问这样的人怎么可能过好这一生呢？

我们明知道世上大多数事情都是预则立，不预则废，但是我们还是不去做。如果你做事总是三分钟热度，那就要逼自己一把了，否则吃亏的只能是自己。

◎没有执行力，一切是空谈

一个人就算脑中有再好的计划，只要不去努力执行，那么最后的结果就是零。想得再多，只要不去做，就没有任何意义。

没有执行力，一切都是空谈，就算你感动了自己也改变不了事实。

想去做某件事，单纯有执行力还不够，还要有持续性，如果你只做了一会儿心里就开始排斥，然后不去做了，那么依然无法得到自己想要的。

分享者春春2022年年初的时候就想成为一名教师，为了顺利圆梦，她制订了详细的学习计划，甚至每天要做什么都计划得特别清楚。

按理说在这样的计划下，春春应该会成功，应该会成为一位光荣的人民教师。可是她和笔者说，一切还是老样子，她没有丝毫变化。

笔者问她怎么回事，春春说："别提了，学习实在是太累了，所以我坚持了几天之后就放弃了，真的受不了这份痛苦。"

春春说完之后，笔者便不再和她继续谈这个话题，因为完全没用。这一刻，笔者也终于明白再好的计划如果没有实施就是泡沫，没有丝毫价值。

三分钟热度的人真的很可悲，纵使他们有雄心壮志，但最后依然是老样子。如果只是单纯地说，他们比谁都知道得多，但如果要是做，他们则什么也做不到。

既然计划了，那就努力去做，然后坚持下来，这样才会得到想要的结果。就怕你只是详细地计划了，然后什么也不做。

◎三分钟热度的人，很难有大作为

有句话说得很好："世界上80%的失败都源于半途而废。"

很多人就是典型的三分钟热度：在网上看到几本好书，本来想买了认真看看，但最后却只翻了几页；本来定好了的项目目标，但实施中得过且过，总能为自己的行为找到各种借口。

有位书友就是这样的人，他说当年纸媒很火，他想写纸媒，于是买来大量的样刊，研究杂志的样文。但只看了几本，就再也不想看了，最后这些杂志成了废纸。

新媒体火爆，于是他想写微信公众号，但坚持了几天又放弃了，觉得枯燥无味。可是谁的坚持不枯燥呢？

上天从来不会辜负行动的人，如果你做一件事只有三分钟的热度，那么请尽量去改变，只有这样，你才能更好地实现自己的人生价值。

一个做事三分钟热度的人，一定不会有大的作为，因为在他们的人生里少了坚持，少了面对一切的勇气。

为了心中所想，我们要铆足了劲儿勇往直前，只要咬紧牙关，坚持下去，总会得到自己想要的。

◎ 持久努力，才能实现白我价值

人不能只停留在想的层面，要有所行动，因为去做才有机会，不去做则一点机会也没有。

有人考研上岸了，大家纷纷向他寻求上岸的秘诀，他表示自己也没有什么秘诀，不过是订下了计划埋头执行罢了。

他说，不论你执行还是不执行，时间就是那些时间，你做了和不做，时间都不会改变。但如果你做了，就极有可能得到自己想要的；如果不做，肯定得不到。

他说自己坚持的理由很简单，不过是不想给自己后悔的机会。当时报考的时候，他心里想得特别简单，如果考过了，自然是幸运的；即便最后没有考过，这一年自己也没有虚度，至少学到了知识。

为了梦想，他全力以赴，把三分钟热度变成了持久的热度，因为知道自己心里想要什么，所以一直坚持。

余生很短，时间有限，希望我们每个人都能做一个持久努力而不是三分钟热度的人。

干掉拖延症，世界就是你的

◎ 拖延症，会让你的生活更糟糕

你有没有这样的时候呢？

明明现在出发就有些晚了，但还是不想上路；立志减肥却从来不开始，管不住嘴也迈不开腿；第二天就有一场非常重要的活动，却熬夜追剧刷短视频，就是不睡觉。

笔者相信有很多人都这样，他们做事情喜欢拖，拖到不能再拖了才去做，最终完成的效果一点也不好。他们内心是真的特别后悔，但只是一瞬间而已，过后又重复以前的行为。

这一点关晓深有体会。有一次，她有一场特别重要的面试，自己告诫自己一定要休息好，要不明天很可能受到影响。但她是这么说的，但却不是这么做的。

到了晚上，整个人非常清醒，本来闹钟都定好了，但就是无法入睡。于是她开始刷短视频，想着刷一小会儿就能马上睡觉，但没想到根本停不下来。等她哈欠连天的时候，一看时间竟然到了次日凌晨一点。起床后，关晓的状态非常差，差点晚了面试，在面试的时候也不知道自己说了些什么。

很多时候，我们明明知道拖延症害死人，但却无法戒掉，让自己的生活一团糟。

你可能觉得拖延症并不可怕，但实际上特别可怕，会给你的生活带来巨大的影响。

◎ 既然要做，还不如早点做

相信你的身边有很多没有拖延症的人，他们常常能把事情做得很好。

笔者有个同学就没有拖延症。前段时间，我们见面的时候，她的身材并不好，看上去有些胖，同学说自己准备减肥。我们以为她只是随便说说，毕竟减肥很难，管住嘴迈开腿需要一个人有很大的毅力。一致认为同学只是心血来潮，很快就会缴枪投降。

谁也没想到，同学竟然是来真的，我们再次见她的时候，她竟然减掉了十几斤，看到她的状态，我们当时真是不敢相信。

我们说："本以为你只是随便说说，没想到是动真格的，真是太厉害了！"

同学说："我不喜欢拖延，只要想了就会去做，因为拖来拖去最终没有好结果，还浪费了时间，这太不划算了。"

同学给我们好好地上了一课。

坦白来说，笔者是拖延症特别严重的人。就拿写文章来说吧，每次出版社老师给了选题，笔者都喜欢拖着，当别人来问稿子的时候，才发现自己根本没动笔。

因为说还没有开始不太体面，就只好说"快了，快了"，然后在编辑老师的催促下开始写。其实每次写完之后发现，写稿用不了多少时间。

既然这件事一定要做，那么拖着真的没有什么意义，还不如早点做了。

◎改变自己，从戒掉拖延症开始

如果你发现自己有拖延症，那么一定要及时戒掉，这对你有很大的好处。否则可能会给你带来巨大的危害。

以前看过一个寓言故事，挺有感触的。

有一只青蛙在马路上非常悠闲地晒太阳，田里的同伴很着急，就提醒它说："你快点回来吧，车来车往的实在太危险了。"

那只青蛙听到后不以为然地笑了，说："你急什么，我在这里多好啊，你不用管我了，我过一会儿就回去。"

夜幕降临，那只青蛙仍然没有回来。田里的青蛙不放心，便出来寻找它，这时才发现它不知道什么时候被车轧死了。

我们就像这只青蛙一样，明明对某件事能预知危险，但就是喜欢拖，以为拖一会儿不会有什么危险，殊不知最后可能付出特别大的代价。

《马男波杰克》中有这样一句话，说："要么被黑洞吞没，要么改变自己。"

相信每个人都不想被黑洞吞噬，既然不想，那么就果断改变自己吧。

◎行动起来，战胜拖延症

做事情，很多人喜欢拖延，他们手头的事情不是做不好，而是根本不去做。而优秀的人之所以优秀，就是因为戒掉了拖延症，他们奉行"今日事今日毕"的原则，因为做事效率高，成功的概率自然会大。

法国大作家雨果就是一个能战胜拖延症的人。

为了不让拖延症找上自己，雨果把自己的头发和胡须分别剃去半边。亲朋好友一来，他就指指自己的滑稽相，借此来谢绝所有的社交约会。

写《悲惨世界》时，他甚至脱光，把自己关在书房里，并告诉仆人不能拿衣服给他。如此这般，才有了这本旷世名著。

哈佛大学人才学家哈里克说："世上93%的人都因拖延的陋习而一事无成，这是因为拖延能杀伤人的积极性。"

事实上真是这样，面对未知的事，一个人只有行动起来，才能得到自己想要的，才能让自己变得更优秀，不是吗？

蓄力破局

懂得给自己蓄力，才能更好地前进

真正打败人的有时候并不是困难（表面的），而是一个人的心态（内在的），当你的心从来没想过学习、改变，那么一切注定会停滞不前。

人在低谷时，这种能力很重要

成年人的世界，从来没有容易二字。

在这个世界上，我们会遇到这样或者那样的事，有的人能熬过去，有的则熬不过去。熬过去的人，人生会越来越顺利；熬不过去的人，人生的路则走得步履维艰。

过去的我们可能不堪一击，但只要熬住了，那么终究会刀枪不入。这个世界上从来没有从天而降的运气，只有披荆斩棘的勇气。

熬住，意味着一切皆有可能；熬不住，则意味着一切都没有可能。

◎没有谁，会被命运饶过

很多时候，我们总是会抱怨命运的不公，羡慕别人的生活，觉得自己是这个世界上最倒霉的人，可真的是这样吗？

其实，命运对每个人都是一样的，没有谁被命运饶过，只不过是面对命运的为难，每个人的选择不同罢了。

大多数人是熬不住的，因为这个过程太痛苦了。

我们看到了别人人前的光鲜，却从未看到他们背后的付出。当你觉得自己被命运狠狠惩罚时，殊不知别人被命运惩罚得更厉害，只是你没有看到而已。

人这一生确实很难，但就算再难，有些路也注定要你一个人走，虽然走的过程中充满艰辛，但你只要你坚持下去，定会拨开云雾见天晴。

鲁豫在《偶遇》一书中写道："无论是谁，我们都曾经或正在经历各自的人生至暗时刻，那是一条漫长、黝黑、阴冷、令人绝望的隧道。"

越是难熬的时候，越要自己撑过去，而不是向生活投降，只有这样，我们才会有一个精彩的人生。

◎ 熬过去，人生才会更精彩

相信你我以及身边的人都曾抱怨过生活的苦，可抱怨完了就结束了吗？是不是还得去认真面对？因为除此之外，我们没有任何办法。

一个人若是没有熬下去的勇气，就不配享受精彩的人生。

诚然，没有一个人喜欢在黑夜里独行，可这些不会因为你的意志而改变。我们与其选择痛苦地逃避，还不如努力更好地面对。

当你有足够的勇气面对时，就会无惧黑暗；当你相信光了，那么光就一定会来到。人这一生靠山山会倒，靠人人会跑，只有靠自己最好，就像马未都曾说的："我们每个人的一生在生理上、心理上或者周围环境上肯定会遇到坎儿，每个人内心中的坎坷一定是靠自己去战胜的，无论别人怎么帮你，你都需要自己迈过这道坎。"

当你被苦难包围的时候，请忍住所有的苦熬下去，不要去抱怨，也不要轻言放弃，只要用心努力去经营，那么终究会迎来光明。

◎熬下去很苦，但也很酷

有人说，路要自己一步步走，苦要自己一口口吃，唯有抽筋扒皮才能脱胎换骨，除此之外没有捷径。

这句话，笔者特别赞同。难熬的时候，我们不要退缩，更不要寻求捷径，因为捷径恰恰是这个世界上最远的路。

人活一世，总有那么一段难熬的时光让人不知所措，不知道未来的路会怎样，以为会有贵人相助，最后发现真正的贵人是自己。

身在谷底并不可怕，可怕的是失去爬上去的勇气。当你放弃了自己，那么全世界都会放弃你；若是你能熬下去，那么希望终会来临。

暂时的黑暗真的不可怕，只要心中有光，那么总会照亮前行的路。

诗人泰戈尔曾说："不要着急，最好的总会在最不经意的时候出现。我们要做的是：怀揣希望去努力，静待美好的出现。"

希望每个人都能在黑暗中寻找到光明，都能顺利走过人生路上的坎坎坷坷，一路无所畏惧，高歌猛进，迎接属于自己的绚丽彩虹。

这些小事能让人瞬间快乐

当下这个社会，快乐好像成了奢侈品，每个人都在为了生活拼命忙碌，丝毫感受不到快乐的存在。时间久了，以为让自己快乐是很难的事，实际并非如此。

快乐从来都是很简单的事，就看你是怎么想的，你想快乐就能拥抱快乐，根本不需要考虑太多的因素。

不要觉得只有大事才能让人快乐，真正的快乐都藏在微不足道的小事里，下面这几件小事会让人瞬间快乐。

◎ 每天睡满 8 小时

世人慌慌张张，不过是为了碎银几两，为了生活你有多久没有好好睡觉了？人如果睡不好，身体机能就会受到影响。

睡眠不足会扰乱生物钟，让人一天的精神状况非常差，自然也就不会快乐了。

每天睡满8小时看似是一件很容易的事情，但很多人做不到，他们宁愿熬夜刷剧也不会认真睡觉。

熬夜和不熬夜，人的快乐状态是不一样的，短时间内可能看不出来，但时间长了则越来越明显。睡眠不足的人生常常被焦虑和忧伤围绕，充足的睡眠是经历美好一天的最佳方式。

而且，如果你的睡眠时间足够，也请不要拿多出来的时间熬夜刷剧。善待身体，就会得到身体最好的反馈，自然也就能更好地蓄力。身体好了，心情自然也就好了，快乐还不是自然而然的事？

◎凡事一笑而过

人生从来不是一马平川。没有谁的人生是一帆风顺的，我们都会遇到或多或少的烦心事，遇到了事情就去解决事情。同时，无论是否解决都要学会翻篇，不能总揪着事情不放。纵使生活有太多的不如意，我们也要学会一笑而过。

这个世上能让自己快乐的只有自己，若你总是给自己添堵，快乐自然会绕着你走。

人活着若总是愁眉不展，生活就黯淡无光，完全看不到自己拥有的快乐；若是遇事一笑而过，日了就有所期待，自然会越过越好。

人这辈子最大的犯傻就是和自己过不去，懂得凡事一笑而过的人就是生活的智者，就是最快乐的人。

◎心宽不较真

生而为人，有些人特别喜欢计较，吃了一点小亏就不依不饶，非得讨个说法，甚至会因为此事大发雷霆，把自己气出病来，被气出病来了又特别后悔，想着早知道还不如退一步海阔天空。可是人生怎么可能有那么多早知道呀。

生而为人，无论对事还是对人都不要太计较了，要保持心宽似海，你若心宽了，身体自然无恙，人生何愁不顺利呢？

心宽是人生的大智慧，一个人内心的宽阔程度决定了其快乐的程度，甚至是健康的程度。

你若想让身体没有问题，让快乐如影随形，那就做一个心宽的人。

◎ 冲动不做决定

生活中，相信很多人都有这样的经历：冲动时做了决定，等冷静下来的时候肠子都悔青了。可就算再后悔又有什么用呢？

人在冲动的时候是无法理性思考的，这个时候做出的决定基本是不过脑子的，一旦冲动做了决定，事后就会让自己很痛苦。早知如此，又何必当初呢？

真正聪明的人会在冲动的时候试着让自己冷静下来，因为他们知道冲动时做决定的后果，不仅快乐会消失，还会给自己带来无法挽回的损失。

一个人在冲动时做出的行为和决定，很大概率会让自己后悔，只有克制自己的冲动，才能拥抱快乐，才能防止大部分灾难的发生。

冲动真的是魔鬼，因此如果你不想让自己活在痛苦与自责中，就不要在冲动时做决定，这是对自己最大的负责。

◎ 降低对别人的期待

凡事希望越大失望就越大，如果你总是把希望建立在别人身上，那么结果可能就会让你很失望，感受不到快乐的存在。

人活着要靠自己，不能总是想着靠别人，遇到问题别人帮你是情分，不帮你是本分，千万不要觉得是理所应当的，否则你会活得很痛苦。

　　当一个人降低了对别人的期待，快乐就会围绕在其身边，因为无论结果如何，他都能接受。

　　人生的困局，终究只能靠自己突围，与其等风来不如追风去，我们想要的人生，自己完全给得起。

　　人生很短，快乐很贵，生而为人千万不要和自己过不去。

　　人生很短，我们要好好爱自己，能吃就好好吃，能睡就认真睡，凡事不要往心里搁，把自己的生活经营得快乐又舒心，这样才不枉来这世间走一趟，不是吗？

这几个习惯会让你变得更好

习惯对我们每个人来说都特别重要，甚至会影响我们的一生，好的习惯会让我们未来的路走得更顺畅，坏的习惯则会让我们步履维艰。

好习惯的养成，对我们至关重要，你有什么样的习惯就会有什么样的人生。

查尔斯·都希格在《习惯的力量》中写过这样一句话："人每天的活动中，有超过40%是习惯的产物，而不是自己主动的决定。"

既然习惯如此重要，在未来的日子里我们就要逼迫自己养成好习惯，因为这样能让我们拥有更好的人生。

◎坚持阅读

古语说："书中自有黄金屋，书中自有颜如玉。"通过读书会提升自己的认知，会让自己变得越来越优秀。读书多的人和读书少的人过的真是不一样的人生。

读书少的人认知相对要低，格局也会低，很多事在别人看来觉得并不好，但对他来说已经是极限了。

人与人的差距从来不在长相身高，而在于眼界，读书是我们拓展眼界的有效途径，可以说通过读书，你能遇见更好的自己。

三毛曾说："读书多了，容颜自然会改变，许多时候，自己可能以为许多看过的书籍都成了过眼云烟，不复记忆，其实它们仍是潜在的，在气质上，在谈吐上，在胸襟的无涯，当然也可能显露在生活和文字里。"

坚持阅读的人，思想和不读书的人完全不一样，他们烦恼会更少，气质会更好，谈吐也会更优雅，自然也就会生活得更加快乐。

坚持阅读的人，会有更高的认知，他们能更好理解这个世界，享受自己的人生。

◎自我反省

在这个世界上有两种人：一种人遇到问题会从自己身上找原因，另一种人遇到问题会从别人身上找原因。

刚开始两者的差距并没有多大，但随着时间的推移，差距越来越明显。

诚然，养成自我反省的习惯并不是一件容易的事情，因为大多数人在遇到事情之后第一反应就是把责任推给别人。把责任推给别人，这看似是明智的选择，实际上是很傻的行为，这样做只会让自己未来的路走得更艰难。

复旦大学陈果博士曾说："反思自我时展示了勇气，自我反思是一切思想的源泉。"

由此可见，懂得自我反省的人，才能更清楚地认识这个世界，才能更好地认识自己，实现自己的人生价值。

◎ 发掘兴趣

人活着得有兴趣爱好，不能什么也不喜欢，否则就是无趣的人生。

有人喜欢养花遛鸟，有人喜欢下棋垂钓，还有人喜欢登山赶海，这都是兴趣爱好，这样的人生才是丰盈的人生。

对什么都不感兴趣的人，是很难过好这一生的，因为对什么都不感兴趣，自然就不愿意和别人相处，别人也会和你保持距离，因此很难感受到快乐。

写《陶庵梦忆》的张岱说："人无癖不可与交，以其无深情也；人无疵不可与交，以其无真气也。"简单来说，对什么都没有兴趣的人是不能交往的，否则相处起来会特别别扭，很难让自己开心又快乐。

人生很短，我们要培养自己的兴趣习惯，唯有如此我们的人生才会有意义。

◎ 喜欢独处

当下的我们似乎特别忙碌，为生活奔波，去应对一个又一个的应酬，看似每天过得很充实，实则疲惫不堪。

我们一直想成为自己，但最后却发现离真实的自己越来越远，越来越孤单。

相比较参加、赶赴一场又一场自己不想要的热闹，独处就显得难能可贵。一个人若是做到了独处，内心就会归于平静，就会让自己变得更优秀，过上自己想要的生活。

真正优秀的人一定是懂得独处的人，他们能清醒地认识到自己的优秀来源于独处时绝美的心境。

世事繁杂，人生海海。如果你觉得自己很累，那就去独处，遨游于天地间，去拥抱属于自己的幸福吧。

◎学会专注

你我以及现在的大多数年轻人都活在焦虑中，什么都想做，什么都做不好。

看到别人实现了自我价值，心里更是着急，甚至觉得自己是这个世界上最倒霉的人，此生注定不会成功。

为什么我们总是难以实现自我价值呢？是因为我们做事不够专注，总是这山望着那山高，把自己的精力全都分散了。

"股神"巴菲特曾说："每个人终其一生，只需要专注做好一件事就可以了。"

如果在人生的道路上，你不会被无谓的琐事牵绊，能排除干扰，专注做好一件事，那么就会让自己变得更优秀，从而实现自己的人生价值。

专注的习惯对我们来说很重要，因为一旦养成了，就会有很大的成就感，幸福就会来敲门。

人生在世，不如意的事情十之八九，生活不会如我们想象的那样四平八稳。

在人生这条单行道上，我们会遇到太多的意外和不确定，可就算意外和不确定再多，只要我们能逼着自己养成这5种好习惯，那么就会得到自己想要的人生，不是吗？

坚持读书，拥有更多可能

很多年轻人可能有这样的困惑：读了那么多书，仍然是一个平凡的人，过着平凡的日子，那么读书的意义在哪里呢？

另有一些人，好似除非有一本能改变命运的书，否则书就没有读的必要。他们觉得有这个时间不如躺在沙发上舒服地刷着短视频，悠然自得地生活。读书不能改变命运，何必拿出时间浪费呢？

在当今社会，书中似乎没有了高官厚禄，没有了黄金万两，也没有了颜如玉，如此看来，读书好像真的是在浪费时间，其实未必。

关于为什么要多读书，笔者给出一些看法。

◎ 脚步丈量不到的地方，文字可以

一个人的身体和灵魂总要有一个在路上，既然行万里路难，那就读万卷书吧。

读书会改变一个人对世界的看法，就像有人说的："先做到观世界，才能有世界观。"你多读一本书，就会对这个世界多一分了解，你对世界的看法就完全不一样。

简单来说，书籍是你了解这个世界的窗口，纵使你的身体现在只能在家里为生活苟且，但灵魂也可以随着书籍飘向诗与远方。

读书多了，见识就多了，见识多了，格局就大了。把你生活打得支离破碎的大浪，能被读书变成你人生长河中一朵微不足道的浪花。

读过的书会一本本充实你的内心，让你的精神世界得到慰藉。

我们之所以要多读书，并不是为了得到什么，而是用书装饰自己的精神世界，给自己一个了解这个世界的窗口。

当你的书读得多了，会发现这个世界不一样的精彩，你的谈吐、处事方式都将改变，而这些改变并不是刻意的，而是潜移默化的。

多读书，你就会成为思想上的巨人，把整个世界装在大脑里。

◎ 即使深陷泥泞，也可仰望星空

人生有很多不如意的事，既然活着，我们总会遇到这样或者那样的烦心事，让自己深陷泥泞，找不到答案。

这个时候，书就成了指引我们的明灯，给我们走出泥泞的力量。

就像土尔德说的："我们都生活在阴沟里，但仍有人仰望星空。"

作家赫尔岑说："书籍是最有耐心和最令人愉快的伙伴，在任何艰难困苦的时刻，它都不会抛弃你。"

你花在书本上的时间，总会以另一种方式还给你，助力你走出雾霾，迎接阳光。

《平凡的世界》中的孙少平就是一个特别喜欢读书的人，孙少平家庭特别贫寒，很少能接触到书，当在田润叶家发现一本名著时，他如获至宝。这本书对他影响也很大，让他觉得苦难不再是苦难。

这一刻的孙少平眼里有了光，有了走出泥泞的勇气，有了对未来星空的向往。孙少平的生活是贫瘠的，但是精神世界是高度丰富的，这种丰富成就了他的一生。

在这个世界上，也许我们会深处泥泞中，但请相信只要多读书，就会让自己具有最好的治愈能力，会让自己的心境触碰到温暖的阳光。

永远热爱生活，让思想在璀璨的星空里遨游。

◎ 读书，就是让自己变得辽阔的过程

一个人书读得越多，就能让自己变得越优秀，就会在脑海中形成一个属于自己的世界，正如作家周国平所言："但凡人有了读书的癖好，也就有了看世界的一种特别眼光，甚至有了一个属于他的特别的世界。"

多读书真的能开阔自己的胸襟，让自己变得更好。

法国作家法朗士就是一位特别喜欢读书的人，他形容自己是图书馆里的老鼠，这辈子最大的幸福就是能一本又一本地吞噬书籍。正是因为如此，他发现了别人发现不了的东西，从而让自己变得更优秀。

倘若法朗士不喜欢读书，且不说他能否成为一个优秀的人，怕是连胸襟也不会变得辽阔吧？

美国学者爱默生也特别喜欢读书，在他看来读书就是精神的魔术。进去的时候可能只是一个短暂的动作，但是出来时却是不朽的思想；进去的是琐事，出来的是诗歌。

因此，一个人要想变得优秀，最好的办法就是读书，这也是实现自己人生价值的最佳捷径。

◎ 当你爱上读书，独处就会成为一个人的盛宴

我们这一生会遇到很多人，会和很多人有交集，以为社交是人生的全部，最后发现不过是浪费时间。

有这个时间真不如好好读书，当你爱上读书了，就不想参与无效的社交了。

你会在书中徜徉，会在书中领略世界的风土人情。爱上读书的人内心是不会孤独的，因为他的精神世界是丰盈的，因为他每时每刻都在同书中的人物进行小型聚会。

真正爱上读书的人可能不为名也不为利，只为了自己内心的宁静，为了守护内心的一方净土。一个人就算生活暂时不如意，只要精神世界丰盈、灵魂闪闪发光，他的世界就是最强的王国，自己就会活得优雅至极。

就像木心，倘若没有书，他的精神世界可能是贫瘠的，自然也不会活得漂亮。但正是因为有了书籍，他才有底气孤身一人在美国流浪，在最为拮据的时期，也活得高贵。即使生活艰难，他仍挺直腰杆，保持飒爽的风度；就算含冤入狱，每天吃酸馒头和霉咸菜，出狱那天仍然腰板坚挺，面带微笑。

这就是书给予他的力量，也正是因为爱上了读书，木心没有半点孤独，让自己的精神世界得到了升华，甚至封神。

一个人如果没有发自内心地爱上读书，那么很难享受孤独，也不可能做到独处，读书是一种高质量的独处，是那些外在的喧嚣无法比拟的。

◎ 别抱怨读书苦，那是你去看世界的路

不知道从什么时候，读书无用论开始盛行，好像读书成了最大的傻事，但真的是这样吗？

读书和不读书遇到的人是不一样的，和什么样的人做朋友也取决于读书，试想一下，一个眼界宽阔、格局大的人怎么可能和目之所及就是全世界的人做朋友呢？

任何时候你都要知道，优秀的人从来只跟优秀的人做朋友，"物以类聚，人以群分"才是成年人世界里永恒的规则。

我们读书并不是为了跟别人比，而是给自己更多选择生活的权力。

如果你有时间，请静下心来读书吧；如果没有时间，也请挤出时间来读书吧。因为只有读万卷书，才能更好地认识这个世界。

人生是一场长跑，读书是我们前进的动力，也只有读书才能让自己的人生拥有更多可能，让自己的人生过得更加精彩。

在有限的时间里尽量多读书，当书籍给我们足够的力量时，我们遇到事情就不怕碰壁、不怕跌倒，就能勇敢前行，这样才是最有价值的人生，不是吗？

丢掉玻璃心，你才能走得更远

◎ 受不了委屈，很难成就自己

分享者胡哥说，单位有一个非常优秀的小伙子，因为一件小事辞职了。虽然大家极力挽留，但他去意已决，完全不在乎众人的意见。

他来跟胡哥告别。胡哥说："真的太可惜了，你原本可以走得更远。"他说："这样的单位真没意思，再待下去，我怕自己会发疯。"

原来，这个小伙子因为在校对文案的时候漏掉了两个错别字，被领导叫到办公室一顿批评。临别之际，小伙子还说："你说，不就两个错别字吗？至于吗？"

在他心里，他不仅没有意识到自己粗心大意的毛病，还觉得这根本不是致命的错误，所以不该受到这样的批评。

有些人，受不了半点委屈。他们渴望被赞美，忍受不了批评，做事情也特别情绪化，这说到底就是"玻璃心"在作怪。

而其实我们要做的，就是去战胜它，不让它成为前进的绊脚石，不让它牵绊我们的意志、束缚我们的行动。我们要把"玻璃心"打磨成"钻石心"。

◎ 玻璃心，会害了自己

作家契诃夫写过这样一个故事：一个人在剧院看戏时不小心冲着一位将军的后背打了个喷嚏，便疑心自己冒犯了将军。他三番五次向将军道歉，结果惹烦了将军，最后在被将军呵斥后他竟一命呜呼了。

这个人不过是在将军的背后打了个喷嚏，将军根本没有当回事，可他却以为将军会生气，三番五次地打扰将军，最终被将军不耐烦地呵斥。

故事看似荒诞，但也说明了"玻璃心"的人有一个共同点，就是把自己的感情、意志、特性投射并强加于他人，而且极其敏感、胆怯、羸弱。

"玻璃心"的人特别敏感。

三个人在一起时，其中两个人之间谈话多一点，他可能就会觉得别人是针对他；别人关门声大一点，他可能就觉得别人讨厌自己；跟别人聊天对方没有秒回，他便会臆想出来一大堆可怕的事情……

他们一直生活在自己的世界里，一旦发现别人和自己不一样，便会觉得自己受到了伤害，内心极其不安。

◎ 丢掉玻璃心，人生的路才能走好

生活中，我们经常会遇到这样的人，无论别人说什么做什么都会牵扯到自己身上。比如走在路上别人一直看自己，就会担心自己今天穿的衣服是不是不好看；和同学聊天，对方因为忙碌半天没理自己，就觉得自己说错话了；想约朋友一起吃饭，但朋友因为加班拒绝了，就觉得自己可能得罪朋友了。

这种疯狂的"脑补"实际上真的很可笑——别人可能在看你身后的风景，而你却以为他在看你；同学并不是不理你，而是真的特别忙碌；朋友不是不愿意和你一起吃饭，可能正在努力赶方案。

"玻璃心"的人都缺乏安全感，还会把别人的心思揣度得变了形。他们会给自己制造很多无谓的困惑，导致处理不好人际关系。

成长并不是一帆风顺的，我们会遇到很多困难，所以丢掉你的"玻璃心"吧，去做正向的沟通，从根本上去解决问题。

也只有这样，你才能获得自信与安全感，才能让自己的人生之路更加璀璨。

身在低谷，想赢就要拥有这几种能力

美国心理学家艾美·维尔纳曾提出一个"黑色生命力"的概念，简单来说就是经受过巨大压力、逆境或创伤，但是最后挺过来的一种力量。

拥有黑色生命力的人能承受住挫折，重新实现自己的价值，这样的人是值得敬佩的。他们是生活的强者，当残酷的生活来袭时他们绝对不会退缩，反而迎难而上，他们是真正意义上的懂得了生活的真相却依然热爱生活。

我们就要做这样的人，不再想着去改变世界，而是懂得回归现实，懂得生活的真谛，不再与生活较真，而是坦然接受，在生活中修炼自我。

拥有黑色生命力的人都具备这三种能力，如果你也具备了，那么日子自然会过得更加幸福。

◎ 免疫力——不要活在别人的世界里

有些人真的活得很可悲，他们总是活在别人的世界里，遇到问题先考虑别人的感受而不是考虑自己的感受，他们把面子看得特别重要，会为了面子而不顾自己的里子。就算已经特别艰难了，他们还是特别喜欢装，好像不装就生活不下去了。

阿南就是这样一个人，他做事不从自己的实际出发，特别喜欢装。朋友劝他不要这样，要脚踏实地一些，他笑朋友不懂生活，朋友本来还想劝劝他，但基于他这个态度就不劝了，话不投机半句多。

一天，阿南找朋友借钱买车，朋友问他有多少预算，阿南表示自己也就几万块，但需要近30万元，他希望朋友能借给他一些。

朋友对他说："既然没有那么多钱就不要买这么贵的车，车只是一个代步工具，有多少预算买什么价位的才是最明智的。"

听到朋友这么说，阿南说："车是身份的象征，你是真不懂啊。"

这次交谈他们不欢而散，阿南说朋友不讲义气，借点钱都借不出来，实际上朋友不是不讲义气，而是这钱不能借，如果他是急用朋友自然会借。

做人千万不要装，也不要活在别人的世界里，别人说什么都是他自己的事情，你只需要过好自己的生活就足够了。

太在意别人的看法就是不成熟的表现，自然就很难把生活过成自己想要的样子，人人都想做一个成熟的人，殊不知成熟不是靠外部条件维持的面子，而是一种发自内心的感悟。

就像作家余秋雨在《山居笔记》里说："成熟是一种明亮而不刺眼的光辉，一种圆润而不腻耳的音响，一种不再需要对别人察言观色的从容，一种终于停止向周围申诉求告的大气，一种不理会哄闹的微笑，一种洗刷了偏激的淡漠，一种无须声张的厚实，一种并不陡峭的高度。"

我们这一生没必要去羡慕别人的生活，要对别人的生活有免疫力，别人赚钱再多，过得再好那都是别人的事情，与你真的没有半点关系。

◎ 忍耐力——助你实现人生价值

随着年龄的增长，你可能觉得再出发一切都晚了，实际上未必。暂时没有实现自己的价值没有什么，只要你一直在路上。

很多时候生活给我们的并不是我们想要的，你选择A，生活偏偏给你B，拿到自己不喜欢的剧本难道就不活了吗？还不是得硬着头皮演到结局啊。

笔者承认可能你拨开云雾的时候不一定会见晴天，但若你不去拨，生活就只能是云雾缭绕了。

年龄大了没必要太着急，只要你一直积极地寻求改变，在环境中忍受、磨炼，拥有极强的忍耐力，最坏的结果也不过是大器晚成。

人生说到底就是一个熬的过程，沉下心来熬下去，生活会给你一个奇迹；心气浮躁，熬不下来了，生活会把你揍得鼻青脸肿。

《菜根谭》里有句话，笔者特别喜欢："岁月本长，而忙者自促；天地本宽，而鄙者自隘；风花雪月自闲，而劳攘者自冗。"

既是如此，无论好坏我们都欣然接受吧，虽然生活像盲盒，但我们总会有一个结果。虽然不知道生活会给我们带来什么样的磨难，但只要沉下心来努力改变，就一定会实现自己的人生价值，难道不是吗？

◎ 疗愈力——做自己的摆渡人

在人生这条路上，大多数人一旦遇到问题首先想到的是找别人，可最后发现找别人真的没用，为什么会没用呢？因为这个世界上不存在真正的感同身受。

比如，当你的孩子不好好学习，特别叛逆，半夜三更说跑就跑，你会特别难受，甚至觉得天都会塌下来。如果这个时候你和别人说，别人可能只是微微一笑。你说得再多，对方也只会给你不要管他或者揍孩子一顿的意见。

可是你能做到不管吗？揍孩子一顿吗？自然是不能。因为是你的孩子，对方就可以完全不管，因为你的孩子与他没有丝毫关系。

倘若你非得让别人站在你的角度理解你，那就是强人所难，自然是不可能的。

因此，当你的家庭出了问题，或者你出了问题，再或者工作出了问题，都不要寻求别人的感同身受，否则你会特别失望。

这个时候你心里可能会特别难受，但一定要相信自己，要努力做到自我疗愈而不是逃避，当你做到了，一切都会好起来。

很多时候事情并没有你想象的那么严重，只是你自己想多了，不敢去改变，才会让事情变得更加糟糕。

拥有疗愈力的人是幸运的，因为这意味着就算再大的挫折也无法击倒他，就算生活会虐他千万遍，他依然能做到待生活如初恋。

面对生活的刁难，我们要拿出足够的勇气来面对，要想办法做自己的摆渡人，这才是对生活最好的态度。

生命太匆匆，我们就不要在有限的生命里为难自己了，与其这样，还不如用最好的姿态过好余生的每一天，这何尝不是一种幸福呢？

善于利用时间，才能更好破局

◎ 你浪费的时间里，藏着你的未来

莫然是个电视剧控，经常熬夜追剧，第二天在睡眼惺忪中勉强工作，导致经常会出现一些小错误。为此，领导专门找她谈过话，虽然莫然表面上认错了，但却丝毫没有改变，依然追着自己喜爱的电视剧。其实，莫然每天的工作量并不大，但她很少把时间用在工作上，除非领导着急要，否则一直拖着。

有一次，同事一起吃饭，晓林说："你这样下去不行，小心被老板炒了。"没想到莫然牛气地说："炒了更好，我早就不想在这里干了。"面对她这个态度，大家觉得说再多都是多余的。

直到有一次，领导第二天要去北京出差谈合作，嘱咐莫然当天把材料准备好。莫然不情愿地应了下来，那天晚上又因为一部剧把这事给忘了。第二天领导找她要时，她才记起来。

领导生气地对莫然说："真不明白你每天在这里做什么，公司养着你不是让你在这里吃白饭的！"

聪明的人，不会把空余的时间全部浪费在不相干的事情上，因为他们知道浪费的时间里藏着他们的未来。

善于利用时间的人，能很好地提高自己的工作效率，尤其是在低谷的时候，他们更明白时间的重要性，会在低谷中积蓄力量，最后也一定会成为人生的赢家。

美国心理学之父威廉·詹姆士说："当一个人讨厌自己的工作时，他会尽量拖延，工作效率低下，这样的人只会毁了自己。"

不会利用时间的人，他们都活得非常焦虑，当看到别人成功后，他们从来不会去想别人为此付出了多少努力，而是天真地以为别人不过是运气而已。

◎ 利用好时间，才能更好地走出人生低谷

电影《三傻大闹宝莱坞》里的拉加就是一个荒废时间的人，他从来不认真学习，把大量的时间浪费了，每当要考试时就不停地求神拜佛，手上、脖子上戴着的珠宝甚至能把自己压死。

他故步自封，凡事都先求神拜佛。朋友兰彻对他说："你怕明天，怎么可能过得好今天，只有不怨天尤人，学会利用时间，才能过更高级的人生。"

一个对未来充满恐惧，把所有时间都用来焦虑的人，很难有一个美好的明天。真正会利用时间的高手，一定是一个过好当下的人，他会减少自己的焦虑和恐惧，让自己的人生大放光彩。

善于利用时间的高手从来不会抱怨，因为他们根本没有时间来做这件事，他们也不会得过且过，会尽量拓宽自己的人生广度，让自己的人生更加有意义。

努力利用好时间，才能更好地走出低谷，从而实现自己的人生价

值，否则只能过得过且过的人生，就算拼尽全力也是碌碌无为。

会利用时间的人能看到很多隐藏的机会，即便深陷低谷，他们也不会得过且过，会尽最大的能力让自己变得更优秀。

◎善于利用时间，才会有高品质的人生

做时间的主人，除了聪明没有别的财产的人，时间是唯一的资本。

在时间的流逝中，智者会让自己发生彻底的改变，会让自己的人生更加精彩，而愚者还是老样子，时间的流逝只是加重了他的苍老。

善于利用时间的人会想方设法克服拖延症，反之，不善于利用时间的人总能为自己的行为找到"完美"的借口。

有一个经典的例子：

四川有两个和尚，一个贫穷，一个富有。穷和尚对富和尚说："我想去南海，怎么样？"富和尚说："您靠什么去呢？"穷和尚说："我靠着一个水瓶和一个饭钵就够了。"富和尚说："四川离南海几千里，我一直想雇船去，也没能成行。你只带两样东西不可能实现！"可第二年，穷和尚从南海回来了，并告知富和尚。富和尚面露愧色。

很多人和富和尚一样，具有极强的拖延症，他们一直在浪费自己的时间，对一件事情不能果断做决定，当时间从指缝悄然溜走后，才追悔莫及。

我们每个人的生命都很短暂，虽然出身不同，所做的行业也不同，但最后的结果一定是一样的。世界虽然不公平，但在时间方面，无论你身份如何，每天都只有24个小时。

　　有的人经过时间的沉淀变得越来越优秀，而有的人却成了时间的奴隶，生活没有丝毫乐趣。

　　如果你还没有意识到时间的宝贵，那么你的未来注定也不会美好。如果一个人能合理利用时间，不断地给自己的人生充电，那么他们一定会拥有高品质的人生。

　　人生很短，时间有限，倘若你现在正好处在人生的低谷，那么就好好利用时间，为自己积蓄力量吧，千万不要虚度光阴，最后活成让自己讨厌的人，好吗？

一个人走上坡路的两种迹象

笔者经常在公众号留言里看到有朋友抱怨，他们觉得生活很苦，没有一样顺心的，甚至感觉自己的生活就像在登山，步履维艰，压力大得已经无法适应。

其实，有这种感觉就对了，因为它证明你正在走上坡路，正在慢慢进步。这个时候出现的不顺畅，你需要通过学习、改变，把一切不可能变成可能。

但如果你明知道自己走的是上坡路，却一直不学习、不突破、不改变，而是待在原地，那么你注定被生活淘汰。

真正打败人的有时候并不是困难（表面的），而是一个人的心态（内在的），当你的心从来没想过学习、改变，那么一切注定会停滞不前。

单纯地想要并不一定会得到，当你准备好了，即便暂时无法拥抱成功，那至少证明你在走上坡路。

总的来说，当一个人走上坡路，最好这样做。

◎ 保持好心态，不熬夜

我们都知道好心态的重要性，都知道生气是拿别人的错误来惩罚自己，可是我们却做不到，遇到事情，哪怕是鸡毛蒜皮的事也难以控制。

明知道熬夜的危害，却拿最贵的生命熬最长的夜，无法保障自己的睡眠，浑浑噩噩地度过每一天。

倘若熬夜是为了工作，那么还有情可原，可大多数人的熬夜不过是追剧打游戏。因为熬夜，让自己的生活陷入一个恶性循环：晚上熬夜，白天无精打采……

熬夜会对生命造成巨大的威胁，稍有不慎可能就再也看不到第二天升起的太阳了。即便看到，时间久了，也会把自己拖垮。很多人不是不知道这些，只是觉得自己没那么倒霉，只要事情不发生在自己身上，那么就抱着侥幸心理。

熬夜说到底就是不疼爱自己，一个连自己都不疼的人怎么可能会有一个好的未来呢？

作家素黑曾在《自爱，无须等待》中写道："自爱的首要条件就是先吃好一顿饭，睡好一个觉，不问理由地先强壮自己的身体。无论发生什么，都要善待自己。"

对此，笔者深以为然。一个人只有养好了精神，才能更精力充沛地去迎接挑战。

尼采曾说："当你身陷自我厌恶中时，吃个饱饭，再睡个饱，比平时多睡会儿，才是最好的调整方法。"

事实上真是如此，当你不熬夜了，懂得控制情绪了，那么就证明你走上坡路了，长此以往，人生定会光彩夺目。

◎ 懂得主动学习

越努力越幸运从来不是一句空话，但是这个努力并不是瞎努力，而是有目标有计划、懂得主动学习的努力。

如果你不懂得主动学习，那么思维就会枯竭，这一辈子也不可能有大出息。

一个人只有不断地给自己"输入"，才能让自己变得更优秀。一个人永远不放弃学习，那么必然会有奇迹发生。

有个做自媒体的分享者说，刚开始他写文章并不好，但后来却惊艳了所有人。笔者问他怎么做到文章写得又快又好的。他告诉笔者，当得知自己的文字水平有待提升时，他没有哼哧哼哧地写下去，而是选择暂停。

他的暂停是努力地学习，努力地输入，看别人的文章，分析别人的文章，积累优美的句子。如果不是他给笔者看了好几个积累句子的笔记本，笔者还真不相信一个人为了梦想可以这么主动。

他说："那段时间，我终于懂了主动学习的重要性，也只有这样才能不被淘汰，才能写出大家喜欢的东西。"

其实，针对学习，主动和被动完全是两回事，自然也是两个结局：如果你主动了，那么命运不会亏待你；如果你一直被动，那么就别怪命运放弃你。

诚然，主动学习确实不是一件容易的事情，但只有挺过这段苦才能迎来以后的甜，才能在以后的日子里活得更加漂亮。

王潇在《三观易碎》中写道："下个决心，在煎熬中等待路的尽头。但要主动而不是被动等待。"

学习很累，但至少证明你一直在走上坡路；不学习，特别轻松，但说不定在某一天就被社会淘汰了。

人生并没有奇迹，所有光鲜的背后，都是苦行僧般的努力。

我们在岁月的洗礼下，会变得越来越强大，不再是得过且过的人。生活就是这样，倘若你想着改变，并为之主动，那么就会成就更好的自我。

余生并不长，愿我们每个人都能懂得生命的意义，知道控制情绪、不熬夜的重要性，懂得主动学习的意义，倘若你都做到了，那么恭喜你，在不久的将来你一定会实现自己的人生价值！

情绪破局

稳定的情绪，是破局的法宝

一个人有什么样的情绪就会有什么样的命运，你能管理好自己的情绪，就能抑制自己的冲动，守住属于自己的幸福。

善待自己，少生气

谁年轻的时候不是总以为自己的身体是铁打的，经得起任何折腾。但年纪稍大点了，突然发现身体太脆弱，动不动就感冒，动不动就失眠头疼。不仅如此，血压还会升高，颈椎病会让人难以入睡。本以为这是最严重的，没想到还有突如其来的脑梗，发现及时了能保住命，发现不及时一辈子玩完。

有时候我们是真想不明白，我们这一生到底为了什么。本来就是生不带来死不带去，为何还要这么执着下去呢？为了所谓的面子，就不要身体的里子了？等身体出了状况，发现一切都晚了，早知道如此何必当初啊。

很多时候，我们总是无法控制自己的情绪，动不动就生气，以为没有什么，殊不知这才是一切疾病的源泉。

虽然生气在当时看不出来身体有什么变化，但这世上任何事物都是量变引起质变，等到了一定的时候就显现出来的，可这个时候就晚了。

一个人要想过好属于自己的生活，真的要控制好情绪，别生气，否则会活得很痛苦。

◎ 经常生气，会气坏身体

如果你不经常照镜子，那么你就发现不了自己现在的容貌变化，还以为自己的皮肤光滑无比，还是当初那个奶油小生或者俊俏姑娘。你发现镜子里的自己皮肤黝黑，好像是一个陌生人，可是面对这个"陌生人"，你做什么他就会做什么，尽管你不承认，但他就是你自己。

为什么会变成这样，可能连你自己都不清楚，你以为这是自然衰老，实际上都是生闷气造成的，如果你不经常生闷气，就不会有这样的结果。

成年人的压力很大，即便发脾气也是静悄悄的，这就导致心情不顺畅，时间久了，心里自然会堵得慌，一旦堵了，不得病才怪。

分享者老杨性格偏内向，经常生闷气，因为这个缘故出过一次事。笔者和他第一次沟通的时候，他给我发来照片，他正穿着病号服在医院吊水呢。

老杨在老家经营一家超市，虽说不大富大贵，生活倒也幸福。但他万万没想到死神差点找上了自己。

因为性格内向，老杨不愿意多与外人交流，遇到事情也经常自己生闷气，本以为没什么大问题，但结果实在是太恐怖了。

有一天，老杨正在给客户搬酒，突然晕倒了，要不是客户打电话及时，他性命堪忧。命是保住了，但身体受到了影响，脑袋里的血管满是栓塞，医生表示要不是年轻，根本不可能恢复了。

在医院的时候，医生问老杨是不是经常生闷气，老杨点了点头。医生对老杨说："人一旦生气，脑供血就会不足，一旦供血不及时，自然就会脑梗，回去以后千万不要生闷气了，否则神仙也救不了你。"

当医生说完后，老杨真的害怕了，以前是不知道会有这样的结果，所以也没有害怕，但现在知道了，感觉到害怕了，慢慢开始学会释怀。

老杨说："在生命面前，一切都不值一提！若是我们想好好活着，就要学会放过自己。"

◎ 生气的危害，太可怕了

可能你不知道生气的危害有多大，总是存着侥幸心理，即便身体出了问题，也以为是自然发生的，与生气没有任何关系，实际上并不是这样。

笔者曾在网上看过一篇文章，这篇文章列举了数位医生对生气危害的说明，看完之后笔者脑袋直冒汗，因为实在是太可怕了。

在这篇文章中，心内科医生表示生气会让心肌缺血缺氧；消化内科医生表示生气容易胃出血；肝胆外科医生表示生气易患肝病；呼吸科医生表示生气时人会呼吸性碱中毒；心理科医生则表示生气甚至会让人瘫痪。

原本以为生气没有什么，但这个危害超乎我们的想象。

关于生气曾看过这样一个报道，看完让人心里难受：一位爸爸在辅导作业的时候特别生气，竟然把铅笔插到孩子脑袋上，差点酿成无法挽回的悲剧。

人在生气的时候是很难控制住自己的，一旦控制不住自己，那么可能会做出很多意想不到的事情，等后悔的时候就晚了。

人活一世是为了寻求幸福的，若是寻求不到幸福，只能痛苦地活在这个世上，那么这一切又有什么意义呢？

不要觉得生气的代价很低，更不要觉得这样的危害不会发生在你身上，因为这个谁也无法预料，一旦发生，定会打你个猝不及防。

俗话说："生气是拿别人的错误惩罚自己。"既然我们都知道，为何还做不到呢？你暴跳如雷，对方还云淡风轻，你被气着了，人家啥事没有，这多划不来呀。

◎快乐一点，人生更幸福

这世上最容易混的就是时间，时间会悄悄从指缝中溜走，生气也是一天，快乐也是一天，既然都是一天，何必折磨自己？

我们总是在寻求最好的养生，买很多补品，以为这样就能让自己的身体更健康，殊不知并不是这样，与其花大价钱寻求好的养生，不如学会控制情绪，做到不生气。

余生真的很宝贵，千万不要为了一件特别小的事去生气，因为这并不是惩罚别人，而是折磨自己，当你生气的时候，正中别人下怀。

倘若能控制自己的情绪，不生气，《三国演义》中的周瑜也不会早逝，若是周瑜没有去世，故事可能要改写，只可惜世间没有如果。

余生很宝贵，愿我们每个人都知道生气的代价，能保持微笑就微笑，对自己好一点，要是你能做到，人生自然会更加快乐幸福。

厉害的人，都是能控制情绪的人

能控制好自己情绪的人就是厉害的人，他们能掌控自己的人生。

他们不会把场面弄得太糟，会最大限度地控制场面，把突发事情的伤害降到最低。他们知道情绪失控后做出来的事情有多可怕。

拿破仑曾说："一个能控制住不良情绪的人，比一个能拿下一座城的人更强大。"

当我们不被情绪左右，那么绝对能做自己人生中的主人。

◎快乐的人，不会为坏情绪买单

我们都知道控制不好情绪的危害，可很多时候我们做不到。但活得快乐的人，都懂得控制自己的情绪，从不为自己的坏情绪买单。

我们一直觉得不幸福的根源是别人，其实不然，这个根源是自己。

笔者看过一则寓言，挺有感触的：

在北方的河流中生活着一种肉味鲜美的鱼，由于水鸟特别喜欢吃，所以它们很少游到水面上来。这种鱼有一个习惯，就是特别喜欢围绕着桥墩嬉戏，但在湍急的水流中，有时难免会碰到桥墩上。

有条鱼一不小心撞到了桥墩上，顿时头晕目眩，昏了过去。等它清醒过来，看着撞疼自己的桥墩，怒从心头起，不断地抱怨牢骚，觉得自己太倒霉了，牢骚过后又开始愤怒，怨恨桥墩太密，觉得自己在同伴面前丢了脸。

由于控制不住情绪，怨气使得它张开两鳃，竖起高高的鱼鳍，肚皮圆鼓鼓地浮到水面上。它徘徊在桥墩周围，久久不愿意离开，又不知如何才能出了这口气。

这时，正好一只水鸟飞过，一眼看到水面上漂浮的这条鱼，一把抓起，享受了一顿美餐。

这条鱼就吃了控制不好情绪的亏，如果它能控制好情绪，那么自然不会酿成大祸。

在这个世界上，我们每个人都会有情绪，但如果你想活得快乐，那么一定要管理好不良情绪，不要去抱怨。

我们这一生会遇到很多事情，但无论什么事后，都一定要控制住冲动，只要控制住，你就赢了，控制住了，你才会做出更加理智和正确的决策。

一个人若是一直生活在坏情绪中，这样的人生也就谈不上幸福了，与其在坏情绪中牢骚不断，不如努力改变，让自己的人生更加精彩。

◎ 控制好情绪，你就是自己的国王

说到能很好控制情绪的人，就不得不提宋美龄。

二战结束后，宋美龄一直对丘吉尔不满，原因是当年英、美、苏、中是同盟国，但是丘吉尔看不起中国。虽然罗斯福把中国看成四强之一，但丘吉尔反对，这让宋美龄非常恼火，一直拒绝访英。

当丘吉尔到美国访问提出想见同在美国的宋美龄时，她坚决拒绝。

《顾维钧回忆录》描述，有人提醒宋美龄，见丘吉尔会给对方脸上增光，她立刻表示："放心，我不会帮他这个忙。"

因为心里厌恶，所以不去碰面，本以为此生不会相见，但是没想到还是见了。

1943年11月，宋美龄陪同蒋介石参加英、美、中三国首脑召开的开罗会议，她和丘吉尔不得不见面。

当时宋美龄特别生气，但是她还是忍住没有发作。

丘吉尔竟然说："委员长夫人，在你印象里，我是一个很坏的老头子吧？"宋美龄并没有给出答案，而是直接把皮球踢回去："请问首相您自己怎么看？"丘吉尔说："我认为自己不是个坏人。"她顺势回答："那就好。"

蒋介石特地把这段对话记在了日记里。他自己脾气暴躁，经常打骂下属，所以他特别欣赏宋美龄的外交智慧，夸她既不违反外交礼仪，也不违背自己内心。

外交和生活一样，并不靠脾气，靠的是实力。试想一下，如果宋美龄当时控制不住自己的情绪，那么结果一定很糟糕，说不定会弄得大家非常不愉快。

约翰·米尔顿说："一个人如果能控制自己情绪、欲望和恐惧，那他就胜过国王。"

◎ 坏情绪害人害己，要避免

《羊皮卷》中有一句话："我怎样才能控制情绪，以使每天卓有成效呢？除非我心平气和，否则迎来的又将是失败的一天。"事实上真是如此，如果你控制不好自己的情绪，那么每天都是失败的一天，人生也将会变得毫无意义。

日本有个古老的寓言，恰好说明了情绪的重要性。

有一次，一个武士质问禅师，让他解释何谓极乐世界、何谓地狱。禅师叱责道："粗陋之辈，何足论道！"

武士感觉受了侮辱。他从刀鞘中拔出长刀，吼道："如此无礼，我杀了你！"

禅师平静地回答："此为地狱。"

武士突然领悟，禅师所谓的地狱是指他容易受到愤怒的控制，于是平静下来，放刀入鞘，向禅师鞠躬，感谢指点。

禅师又说："此为极乐世界。"

在寓言中，武士被语言刺激后，情绪失控，暴跳如雷，甚至要行凶杀人；可是他一旦控制住了情绪，便会谦卑平和，虚心向学，不仅懂得了感恩，人也变得柔软许多。

控制不好情绪，害人害己。你以为发泄情绪，你就占了上风，殊不知这些情绪会反噬，最后作为发泄者也会尝到恶果。

◎ 做情绪的主人还是奴隶，看你自己

在日常生活中，我们都有情绪癫狂的状态，都有悲愤决堤的时刻。但做情绪的主人还是奴隶，完全看你自己。

一个人若被情绪控制了，便形同进入地狱，生活和事业都会受到阻碍。但若能及时控制这些坏情绪，就能力挽狂澜，让事情朝着好的方向发展，便能更好地破局。

我们是人不是神，自然有时候控制不住情绪，所以遇到事情一定要三思而行，千万不要冲动，因为冲动真的是魔鬼，会害了你。

当然，控制情绪并不是戒掉情绪，没了情绪，人如何称之为人？理性对待，不意气用事，面对不顺心的事情时能冷静下来，寻求最佳解决方案，能让事情变得更加完美，这才是控制情绪。

老子曾说："胜人者力，自胜者强。"意思就是说如果你能控制自己的情绪，那么你就战胜了世间最大的敌人——自己。

生活中，如果你是一个情绪稳定的人，那么就是真正厉害的人。

停止内耗，方能走出情绪牢笼

人活在这个世界上必然会和很多人相处，鉴于这个原因就有了内耗，每个人都想做最好相处的人，于是尽量满足别人的要求，最后苦了自己。

不只在生活中，在感情也是这个样子，明明知道对方不爱自己了，还一直不放弃，幻想着对方有一天会回心转意，实在是可悲。

在工作中，总是陷入自我否定，没有人觉得你的能力不行，只是你自己觉得而已，经常胡思乱想，最后把事情弄得非常糟糕。

如果一开始不这样，那么自然不是这样的结果，可是你恰恰这样做了，把原本容易的事情弄得特别复杂，最终让自己过得特别痛苦。这一切的根源就是内耗，无论在感情生活还是工作中，若是你不懂得停止内耗，日子就会过得越来越苦，没有丝毫快乐可言。

◎ 社交内耗，只会让自己更疲惫

人活着需要遵从自己的内心，一件事若是你并不想做，那么没必要非得逼着自己做，因为做了你就会痛苦，痛苦能把事做好吗？

既然是这样，那么为何要逼着自己去做呢？为何要用自己的快乐去换痛苦呢？这就是最傻的行为，既然有些社交是你讨厌的，就果断拒绝呗，至少这样会快乐。如若不然，谁也帮不了，你也只能与痛苦相伴。

这点分享者楠楠深有体会。楠楠是一个喜欢静的女孩，平常特别讨厌社交，但她有两个朋友特别喜欢动，经常搞一些聚会，拽着楠楠一起参加。

刚开始楠楠虽然心里不大情愿，也没有说什么，毕竟别人也是好意带自己出来玩，但没想到非常频繁。后来实在受不了了，又不好意思和好友说，生怕和她们说了，好友会觉得自己特别难以相处。

楠楠一直这样想，一直内耗。等到她实在受不了了，思前想后决定直接和朋友们说，失去这两个好朋友都没关系。当楠楠说出来的时候，朋友们竟然没有当回事，表示不喜欢去以后不去就是了，没多大事。这时楠楠才明白，自己做的任何决定朋友都乐意接受，是自己一直在内耗，把简单事情复杂化。

叔本华曾说过："人性有一个弱点，就是太在意别人如何看待自己。"

一个人太在意别人眼中的自己，本就是一种高度的内耗，如果不果断停止，只会让自己的人生过得痛苦。

◎ 停止工作内耗，才是保护自己

诚然，事情深思熟虑固然好，但也不能一直犹豫不决，如果对一件事你一直犹豫，对工作也只是光想不做，那么痛苦的还是你自己。

很多事没必要一直去想，要想办法去做，万次想不如一次做，一直想怎么也想不通，但在做的过程中往往不自觉地明白。

简单来说在工作中不要折磨自己，要当机立断，停止工作内耗，这既是对自己最大的保护，也让自己过得快乐。

有个分享者是做地产策划的，有次领导针对某个项目让他和另外两个同事出一份策划书。操作的过程中，他脑海中有一个很好的创意，但是他总觉得缺点什么，一直在想，怎么也想不出来，于是策划书迟迟没完成。到了交策划书的时候，同事们顺利地交了，唯独他什么也没有，这让领导非常不满意。

一个人在工作中总是想而不做，最终会害了自己。

罗曼·罗兰有句话说得好："生命很快就过去了，一个时机从不会出现两次，必须当机立断，不然就永远别要。"

在工作中，既然想到了某件事要怎么做，那么就没必要犹豫了，果断去做就行了，别让胡思乱想阻碍了自己行动的步伐。

当你认认真真地去做了，一定会有转机，但如果你一直拖着不做，转机也就不存在了。

◎ 停止感情内耗，拥抱更好的幸福

有些年轻人特别奇怪，明明对方不爱了，却还一直纠缠，以为只要卑微到底，爱情就能开出一朵花来，实际上这只是自己的一厢情愿。

感情很简单，爱就是爱，不爱就是不爱——这很明显。既然对方明确表示不爱了，你最好的办法是停止而不是继续纠缠，否则就是和自己过不去。

分享者吴月有段时间特别烦闷，原因就是男友提出分手了，她却不想分手，她不知道怎样挽回这段感情。

　　她让笔者给她支个招，可笔者哪有办法——老办法她都试过了。笔者劝她算了，没必要继续纠缠下去，因为没有任何意义。

　　吴月说："可是你不知道我有多么爱他，如果离开他，我都不知道以后该怎么生活，只要还有一丝希望我就不会放弃！"

　　笔者表示知道她放不下对方，但感情是两个人的事情，不是努力就有结果的，如果只是一个人单方面地爱着，那不叫爱情，也不会有好的结果。

　　笔者说了很多，吴月却是一点也听不进去，最后笔者干脆不说了，因为你永远无法叫醒一个装睡的人。

　　如果两个人的感情出了问题还揪着不放，那么就只剩下内耗了，对彼此来说都是折磨。

　　出现裂痕的感情就像是一剂慢性的毒药，会一点一滴地蚕食着曾经的美好，不断地让人伤心、寒心，最后让人痛不欲生。

　　人生很短，内耗真的没有意思，不论感情、生活还是工作中，如果出现了内耗就要果断停止，唯有如此你才会过得更幸福。

你的情绪决定你的一生

人这一生从来都不会一帆风顺，遇到各种各样的问题，面临想不到的困难。有些人遇到困难后不知所措，整天唉声叹气，让自己活在痛苦之中；还有些人面对困难完全不在乎，他们心态特别好，遇到了问题就解决，不会让情绪控制自己。

相比较前者，后者才是活得通透的人。既然很多事情无法改变，那就学会调整自己的心态，控制自己的情绪，当你做到了，何愁生活不幸福？

就怕你遇到丁点困难就要死要活，遇到一点事情就难以承受，觉得自己是这世上最倒霉的人，甚至会因为一些微不足道的事大发雷霆，最终得不偿失。

简单来说，一个人有什么样的情绪就会有什么样的命运，你能管理好自己的情绪，就能抑制自己的冲动，守住属于自己的幸福。

◎ 控制情绪，才能控制局面

诚然，遇到事情谁也不能心平气和地处理，但倘若你知道带着情绪处理的后果，就不会这么做了。

控制不了情绪的人，遇到事情不管自己对还是不对，总喜欢训斥别人，好像自己都是对的，其余的人都是错的，他以为自己很明智，实际上已经中了情绪的毒。当一个人中了情绪的毒，就很难做出理性的判断了。

电视剧《三国演义》的一段情节很好地诠释了控制情绪的重要性。

火烧赤壁前夕，曹操命令蔡瑁、张允训练水军，本来这两个人特别努力，但却招来了杀身之祸，而之所以被杀，就是因为曹操当时没有控制情绪，做出了错误的判断。

当时，曹操想派人去东吴游说周瑜，蒋干请命前去，没想到周瑜使了一招反间计，让蒋干误以为周瑜和蔡瑁、张允串通。急于邀功的蒋干火速回去向曹操禀报了此事，听到这个消息，曹操火冒三丈，控制不住自己的情绪，直接把蔡瑁和张允杀了。但仅过片刻曹操就冷静下来，知道自己上了当。

如果当时曹操能控制好自己的情绪，就能做出理智的判断，自然也就不会出现上面的情况了。

情绪如水，既可以润万物，也能吞噬万物。

遇到事情，尽量控制自己的情绪，千万不要让自己生气，因为在气头上的人是很难做出理性判断的，自然也就无法控制全局。

任何时候我们都要知道，一个人发脾气是本能，控制脾气才是本事，这样的人值得每个人尊敬，也是每个人学习的榜样。

◎ 控制好自己的情绪，才能掌控人生

生活在这个世上，每个人都想出人头地，但并不是每个人都能实现，因为大多数人都无法控制好自己的情绪。

控制好自己的情绪对一个人来说极其重要，只有这样，他才能掌控自己的人生。

观古阅今，不难发现，那些有大成就的人都是能善于控制情绪的人，这样的人也必然是最后的赢家。

比如说《三国演义》中，诸葛亮第六次出祁山，迫切想和司马懿交战，但司马懿却玩起了养精蓄锐，丝毫不理睬诸葛亮，也不出兵。

为了让司马懿出兵，诸葛亮想尽了一切办法，不仅让人叫阵，大骂他，还让使者给他送上女子的服装——这可以说是奇耻大辱。

但这一切司马懿都忍了下来，他控制住自己的情绪，不气不闹，连手下人都看不下去，觉得司马懿就是一个十足的窝囊废。司马懿对这一切都不理睬，坚持自己的想法。

正是因为有能控制自己情绪的强大心理素质，所以司马懿最后熬到诸葛亮病逝，蜀军退走。

假如当时司马懿控制不了自己的情绪，出门迎战，以当时的情况来看，他根本不是诸葛亮的对手，兵败如山倒是自然的事情。

由此可见，情绪真的会对一个人产生巨大影响，甚至能扭转既定的局面。

笔者也不否认，控制情绪很难，但只要控制住了就具备了成大事的基本条件。相比于成大事，吃点控制情绪的苦应该不算什么吧？

◎ 你的情绪，决定了你的生活状态

生而为人，大多数人都会遇到让自己生气的事，如果你因为这些事控制不住自己的情绪，那么心情就会变得很糟糕，人生的路也会更加难走。

　　管理好自己情绪的人，都是生活中的智者，比如王阳明，他虽然一生饱经跌宕——功高被忌，被诬下狱——命途坎坷，但他却能一直保持积极乐观的情绪。

　　在王阳明看来，保持快乐不是一种天赋，而是一种能力。当你有能力控制情绪的时候，许多事情也就只是那么一回事而已。

　　拥有好情绪，阳光总会从罅隙里透进来，让人如沐春风，任何糟糕的事情都能被好情绪解救。

　　我们拥有什么样的情绪，就会拥有什么样的人生，既然如此，那么就努力管理好自己的情绪吧，这样我们才会有一个多姿多彩的人生，不是吗？

降低期待，就会有好情绪

活在这个世上，人人都想要快乐的人生，可并不是每个人都能如愿。不知道你有没有发现，现在人不论做任何事情，似乎都是做最好的打算，以为只要这么做了就会得到好的结果，可往往不是这个样子。

一旦结果没有达到自己的预期，我们的心情就会变得特别糟糕，从而让自己活在痛苦中，从这点来看，我们之所以无法保持好情绪，是因为期待太高了。

因此，要想让自己过得快乐，就要学会降低自己的期待，这不仅适用于生活，也适用于感情。

降低期待看似很容易，实则很难，因为人性对任何事物都会抱有高期待，都期待着有好的结果，期待能心想事成。

期待越高，失望越高，我们要尽最大的努力，做最坏的打算，唯有如此日子才会越过越幸福。

◎ 对别人期待高，会很痛苦

人与人是不同的，这个世上也不存在什么应该与不应该，在人际交往中，不管是亲人还是朋友，帮你都是情分，所以没必要道德绑架别人。

别人愿意帮你，你要懂得感恩，别人不帮你，也不要心怀不满，因为别人本来就没有这个义务。

若你遇到困难，不要因为别人没有帮助而去质问，否则你不仅会失去一个人，还过得特别痛苦，而这份痛苦是你自找的，与任何人都没有关系。

这一点，文静就体会特别深，也就是因为这件事，她终于明白对别人期待过高是一场灾难。

文静有一个非常好的朋友，她们不是亲姐妹却胜似亲姐妹，经常在一起，感情超好。

一直以来文静对朋友的期待都特别高，她也从未觉得彼此之间会有什么。如果不是因为自己遇到事情了找朋友借钱，文静还会对朋友期待特别高。

当时文静因为孩子上学要买房子，她看好了一处房子。按理说这个时候，文静应该先筹钱，但因为她对朋友的期待太高了，所以就在售楼处交了定金，约好了过几天来付首付款。

从售楼处离开以后，文静就给朋友打电话，她也没有拐弯抹角，直接提出了借钱的事。可是当文静满怀期待的时候，朋友竟然拒绝了。

这一刻，文静整个人都蒙了，因为她从来没有想过朋友会拒绝。她觉得朋友和自己玩得那么好，支援下自己不是天经地义？文静抱怨朋友不该这样，朋友没有过多解释，因为在朋友看来自己解释多了没有任何用处。

最后她在其他人那里借够了钱，但和朋友的关系，变得微妙起来。

生而为人，不要对别人期待太高，因为你遇到问题的时候，别人未必是一帆风顺。

当你在渡难关的时候，对方可能也遇到了麻烦；你在最关键的时刻，对方可能也恰好在拐点，这个世上没有任何人应该满足你的期待。

所以说，与其对别人期待过高让自己痛苦，还不如果断降低对别人的期待，至少这样不会让彼此的关系破裂。

◎ 对感情高期待，可能会很痛苦

在感情中，有些人也总是怀着高期待，他们以为彼此的感情是一辈子，没想到是一阵子，当感情结束了之后，他们常陷入痛苦的深渊而无法自拔。

从一而终的感情固然好，但并不是每段感情都能走到最后，我们要做的就是降低对感情的期待，在一起的时候好好在一起，不在一起的时候尽量做到释怀。

永远不要觉得只要在一起了就是一辈子，否则你会输得很惨的。

看过这样一个视频，虽然笔者很同情女人的遭遇，但现实就是这个样子。

快要结婚之前，女人和男人住在一起，这个女人尽心尽力照顾这个家，在她的经营下小家也特别温馨，如果不出意外，她会结婚、生子、当妈妈，过得特别幸福。但还是出意外了，男人有了外遇，回到家里就提出分手。

男人的话让女人差点崩溃，因为她从来没有想过有一天会面对这样的事情。女人歇斯底里，觉得男人太可恶了，自己用心经营这个家，结果竟然是这个样子。

活得通透的人，对感情不会有太高的期待，因为他们知道只有这样才不会让自己更加痛苦。没有过度的欢喜，自然也就不会有极度的悲伤。

余生不长，请尽量学会降低自己的期待吧，你只需要做好自己，至于结果，你左右不了，与其在焦虑中等待一个不确定的结果，不如尽人事听天命。

当你真正做到了不再期待一个结果，就算事情没有朝着你预期的方向发展，那么你也不会过得特别痛苦，因为你的心里早就做好了准备。

相信一个能降低自己期待的人，定会远离痛苦，拥抱幸福，难道不是吗？

太在意别人的情绪，是种社交内耗

虽然人人都想活得积极快乐，但却经常被负面情绪影响，甚至会因为负面情绪而活在痛苦之中。你可能觉得负面情绪没有什么，但实际上它就是一种病毒，会传染，会给你带来巨大的伤害。

当一个人有负面情绪时候，你要尽量远离，倘若你太在意，那么痛苦的只能是你自己。

有人说："太在意别人情绪的情绪是一种病。"这句话以前笔者并不相信，但是现在彻底相信了，这种病会给我们带来很大的影响，甚至会让我们一生都感受不到快乐。

太在意别人的情绪是一种精神内耗，你会被别人影响，会变得浑身充满戾气，对这个社会一直抱怨，陷入痛苦的泥沼中。这样的人生就像黑洞，无情吞噬你，因此无论你和对方的关系多么好，一旦发现对方是这样的人，那么想也不用想直接离开就行了。

◎ 避开满是负面情绪的人，才会过得更幸福

负面情绪就是病毒，它不仅影响本人的状态，还能改变周围人的心情磁场，我们要想过得更幸福，就要远离有负面情绪的人。林肯曾

说过一句特别经典的话："一个人与其跟一只狗争路走，不如让它先走一步。因为打败一只狗并不光荣，但被狗咬到一口却很倒霉。"林肯把带着负面情绪的人比喻成狗，在他看来，与其跟狗较真，不如选择远离，因为只有这样做才不会受到伤害。

避开负面情绪的人看似是一件容易的事情，其实有难度，但就算再难也要做到。这点小陆体会特别深，他要是早知道结果是这样，当时就不会和对方争论了。

事情发生在几年前，当时小陆和朋友去吃烧烤，等餐的时候正好碰上了两个醉汉，其中一个醉汉不知道是有意还是无意，朝着他们坐的地方吐了一口痰。

当时，小陆特别生气，他让醉汉给自己道歉，没想到醉汉不仅没有道歉，反而对小陆破口大骂，生气的小陆给予了对方有力的回击。就这样，他们从语言冲突上升到了肢体冲突，最后小陆被醉汉的酒瓶子伤到脑袋。

看到小陆这个样子，女朋友哭着说："你傻不傻呀，对方是个醉汉，你为何非得和他一般见识呢？"

小陆分享他的故事的时候，说："好像真的是这样，对方是一个醉汉，是一个带着负面情绪的人，弄不明白自己为何要和这样的人一般见识。"

我们任何时候都要知道，真正活得通透的人遇到带着负面情绪的人不会纠缠，因为他们知道这么做很可能会给自己带来很大的伤害。

一个人不与愤怒的人硬碰硬，展现的不是胆怯，而是一种极其高明的智慧。

◎ 用别人的错误惩罚自己，只会更痛苦

有些人喜欢拿别人的错误惩罚自己，明明是对方的错，却非得把错安在自己的头上。

我们总以为在这个世上击垮我们的是别人，实际上是我们自己。为了和别人处理好关系，我们选择在意别人的情绪，别人开心那么自己就会开心。你以为这样做会换来别人的感恩，殊不知换来的却是别人的肆无忌惮，当他们觉得你好欺负了，那么欺负你的频率就会增加。

比如当别人让你帮忙带饭，你带来了他却不给你钱，这个时候如果你不好意思要，害怕要钱会让对方不高兴，那么他会一直让你带。他让你带，你不好意思拒绝，然后带了不给钱，你不好意思要，让自己活在痛苦中，这不就是典型的拿别人的错误惩罚自己吗？

当然，笔者并不是说不让你给别人带饭，大家既然作为同事、同学，这点力所能及的小忙还是可以帮的，但是你带了就得要钱，不要考虑对方的情绪，要让对方知道你的钱也不是大风刮来的。

如果他能痛快地给，那么彼此还是好同事；如果不能，就选择据理力争或远离，因为只想着占你便宜的人是不值得你拿出真心与之相处的。

在这个世界上，如果一个人把注意力转向外在，去讨好别人，那么他必然会毁坏自己的生活框架，一直都会活在痛苦中。

我们要明白，一直选择讨好别人的人注定不会过上自己想要的生活，这辈子也不会幸福快乐！

人际关系破局

突破人际困境，自信行走江湖

人与人相处贵在用心，你对别人的态度决定别人对你的态度，在相处的过程中要知道什么可为、什么不可为，只有这样一段关系才会长久。

人到中年，有些人要及时远离

很多人觉得一个层次高的人一定是有钱的人，这其实是一个误区，一个人层次的高低与金钱没有半点关系，真正层次高的人在做事上懂得尊重别人。

生活中，我们经常会遇到一类人，很难用好坏去界定他们，更无法通过理性去说服他们，但和他们交往会莫名感到不舒服。

◎远离嘴巴恶毒的人

我们身边总有一种人，他们就是见不得别人比自己混得好，明明自己不努力，还偏偏要说人家混得好是运气，嘴巴恶毒得要命。你在朋友圈晒礼物，他说你奢侈；长得好看的人，在他眼里就是整容了；女孩开豪车、穿名牌，就是找到有钱人了。你要是跟他争论，他有一万个理由能反驳你。

王孙就是这样的一个人。他和朋友一起吃饭，当看到一位美女从名车上下来时，这位仁兄立即说："真不明白，现在的女孩为什么这么想不开，难道就不能自食其力吗？"

朋友胡哥听得一头雾水，说："你怎么知道人家不是自食其力？"

这话胡哥不问还好，一问王孙马上打开了话匣子，什么"这么年轻就开这么好的车，一定是被包养的"，什么"身材前凸后翘，一看平常就不干活，一个长得好看又不干活的人要想开豪车、住好房子，只能被包养"，等等。

他说完后，胡哥竟然不知道该如何反驳，不想和他做口舌之争，因为他不知道现在的女孩有多努力，不知道这世界上有很多真正的富人。

与嘴巴恶毒的人聊天，就算你不被气死，也会被逼疯。

在他们面前，你不知道该怎么办，因为不管你做什么还是不做什么，他都有理由抨击你，他们的冷言冷语会把你的热情赶跑，让你顿时觉得无地自容。

嘴巴恶毒的人大多非常消极，而且心理有问题，他们的情绪始终不稳定，也从来体会不到真正的快乐。

◎ 远离耳听为实的人

这个社会还有一类人，他们很实在，但实在得有些傻，别人说什么话他们都信，从别人嘴里听到什么就是什么，从来不去考究事情的真相。

有两家面馆打起来了，原因是一家面馆说另一家面馆的坏话，当事人听到后非常生气，他二话不说就去找事，最后发展到大打出手。但当弄清真相后，他才知道是自己误会了对方。

很多人喜欢无条件相信别人嘴里的话，殊不知这是极其错误的，一个聪明、层次高的人绝对不会通过别人的嘴认识人，他们深刻懂得耳听为虚的道理。

真正层次高的人绝对不会用听来的事情作为判断一个人的依据，他们会理性地调查，尽自己最大的能力来了解事情的真相。

一个人永远不会知道自己在别人嘴中有多少版本，更无法阻止那些不切实际的闲话。我们唯一能做的就是置之不理，没有调查就不要轻易对一个人下结论，这样才会让自己有更好的人际关系。

纪伯伦说："一个背对太阳的人，看到的只能是自己的阴影。"同样道理，你看别人也是如此。

人的眼睛就像照相机，对方的脸庞再美，只要背着光，你从镜头中所看到的他永远是黑漆漆一片。

对于这类随便听听就相信的人，我们一定要远离，否则，说不定会在某一个瞬间引火上身，给自己造成不必要的痛苦。

◎ 远离瞪眼易怒的人

还有一类人，平时非常和善，但只要遇到不顺心的事就会发怒，这样的人一定不是层次高的人。

有一次笔者跟几个朋友出去吃饭，吃完开车回去，路很窄，前面有几个人喝多了，拉拉扯扯，笔者在后面只好慢慢开，也不按喇叭，就是等他们散去。

他们有一个喝多了，转身看到笔者在后面，瞪着眼睛敲打车的引擎盖，笔者没有理他，只是快速地把车门锁上了，然后就看着他敲，等他敲累了后就开走了。

后来，笔者跟朋友说起这件事，朋友觉得笔者太懦弱，笔者反问道："难道跟几个酒鬼较真就是强大了？跟他们较真的人才是真傻，酒鬼啊，说话没轻没重，打架估计不要命了。"

笔者并非层次高的人，只是层次高的人绝对会控制自己的情绪，绝对不会放低自己的姿态，遇到一些不必要的麻烦能躲开就躲开，而不是逞匹夫之勇宣扬自己多么牛。

笔者曾看过这样一个新闻：

一对情侣晚上在餐馆吃饭，漂亮女友被隔壁桌醉汉吹口哨。

男友说："反正吃完了，咱走吧。"

女友说："你怎么这么孬种啊，是不是男人？"

男友说："犯不上跟流氓较劲。"

女友气得哭了，她骂完男友又过去骂那群醉汉，结果醉汉围上来开打，男友被捅三刀。

层次高的人绝对不会和酒鬼一般见识，因为他们知道这样是不成熟的表现。他们具有高情商，更加懂得尊重别人，也懂得摆正自己的位置。

而层次低的人很难有好的人际关系，他们欲求不满，总想着占便宜，这样的人很难走好未来的路，不是吗？

人际交往中应掌握的几条规则

在这个世上最难处理的就是人际关系，它让人捉摸不透，常常是以为很深的关系却薄如蝉翼，以为是没用的关系却能派上大用场。

在成年人的世界里，懂得怎样与人相处特别重要，若是处理好了，一段关系就会长久和谐；若是处理不好，这段关系也就戛然而止了。

人际关系的变化看似毫无征兆，实则早有端倪，只是你没有发现而已，等你发现的时候说明这段关系就要结束了。

在人与人相处的过程中，有些规则虽然没有明说，但你不能假装不知道，更不能明知道对方的意思却还继续如此，否则只会让彼此的关系更加尴尬。

◎没有回复，就是拒绝

在人际交往中，有的人没有得到对方的回应后会继续询问，以为对方忙碌没有看到自己的信息，直到对方回复为止。这样的人其实是不懂人际关系，他们做事只考虑自己，完全不考虑对方是否为难。

在这个手机不离手的时代，别人要想回复你早就回复你了，要是没有回复你，你可以等等看但没必要继续再问。若你非得打破砂锅问到底，那么就会给彼此的关系带来不好的影响。

这点，小媛体会特别深，刚开始她还以为对方是忙碌顾不上，后来才知道对方的意思就是拒绝。

小媛在工作中认识了一个做文案策划的朋友，正好她这一块非常欠缺，就想寻求对方的帮助，刚开始对方表示只要有问题直接问就行了。小媛是一个特别实诚的人，所以她遇到不懂的就会在微信上问他，对方也会给自己回复，但久而久之小媛发现对方不再给自己回复了。

她以为对方没有收到消息，就不断去问询，即便是这样，对方还是没有回复。

当小媛和闺密说的时候，闺密直言小媛想得太单纯了，对方并不是没有看到信息，而是不想回复而已。

闺密的意思小媛还有点不相信，但后来证明确实如此，因为自此之后，对方再也没有回复小媛的任何信息。

人际交往中最体面的告别是：你最后那条消息我没有回复，你也很默契地没有再问。

人与人之间的关系本来就是可变的，暂时好的关系并不代表一直会好，既然对方不再回复你的消息了，你也要体面地离开，而不是继续纠缠。

◎ 笑声与风声，取决于你跑得快还是慢

人性的本质是复杂的。当你不够优秀的时候不要指望别人尊重你，即便对你有尊重也不过是表面的敷衍。但如果你足够优秀了，那

么别人自然会尊重你，这份尊重完全是发自内心的。

有些人受不了别人的嘲笑，觉得是别人的问题，殊不知这是你自己的问题，因为你跑得太慢了，听到的只能是嘲笑声了。

他们觉得你没有出息，觉得你活得特别失败，难免嘲笑。

如果你跑得很快，那么周围的嘲笑声就消失了，因为你速度足够快，嘲笑声早已烟消云散，剩下的只有风声了。

世上真正活得通透的人从来不会关注沿途的观众，他们只关心自己的节奏、脚下的路，他们知道只有自己跑得足够快，自我价值才能实现。无论怎样，笑声与风声都会客观真实地存在，至于你最后听到的是什么，就看你自己怎么做了。

一个人与其因为别人的嘲笑声而耿耿于怀，还不如努力修炼自己，让这些笑声烟消云散，不再左右自己。

当你跑得足够快了，你的人生之路会越走越宽，日子也会越过越精彩。

◎ 关系再好，也别透支感情

朋友相处讲究的是平衡，而不是一方总想着占另一方的便宜，在相处的过程中为了得到自己想要的而让朋友为难。你可能觉得这并没有什么，实际上朋友是特别反感的，一次两次或许朋友还不会说什么，次数多了，彼此的关系也就结束了。

这点凯哥深有体会。

凯哥和超哥是非常好的朋友，有次他看中了一个门店便想租下来，奈何看中这个门店的人很多，这个时候助理小黄就告诉凯哥店面的主人和超哥关系很好。

知道这个信息之后，凯哥就去找超哥了，当凯哥说明情况之后，超哥想也没想就答应了。凯哥给超哥拿了2000块钱，尽管超哥拒绝了，但是凯哥依然坚持，否则就不用他帮了。

回来的路上，小黄有点不明白，他问凯哥："你和超哥关系这么好，为何还要拿钱呢？"凯哥表示就算关系再好也要拿钱，因为这是花钱办自己的事，不能仗着关系好就透支朋友间的感情。

凯哥深谙人与人的相处之道，他不会因为关系好而没了分寸，让彼此的关系从亲密走向疏远。

人与人之间的关系非常脆弱，若是只取不给，说断就断，想要关系长久，自然是不可能的。维护一段长久的关系很难，但让一段长久的关系破裂易如反掌。

维持一段好的人际关系真的不容易，希望我们都能明白这些规则的重要性，让自己的人生少走弯路，活出属于自己的风采！

会让你败光好人缘的口头禅

口头禅是指一个人有意或无意时常讲的语句，它是一种语言，也是一种习惯。

一句口头禅会让你有好人缘，也会让你有坏人缘：有些口头禅不仅能增强语气，还能更好地表达感情；而有些口头禅不仅让人心生厌烦，还会破坏你在别人心中的形象。

下面这几句口头禅最好不要说，否则可能会影响自己的人缘。

◎你先听我说

在人际关系中，有些人特别喜欢说"你先听我说"，他们不管别人是否愿意，会直接强迫别人先听自己说。

说这种口头禅的人以自我为中心，特别喜欢表现。如果大家没有停下来，他则会继续大声要求。一旦大家停下来，他就会滔滔不绝阐述自己的观点。不仅如此，在他阐述的过程中，绝对不允许别人打断，并强迫别人接受自己的观点。这类人不懂得倾听，他们总是以自我为主导，那么自然也就没有好人缘了。

《简·爱》中有这样一句话："你的高明之处不在于谈论你自己，

而在于倾听别人谈论自己。"

因此，在与人交往的过程中与其要求别人先听自己说，还不如耐下心来先听别人说，这会让别人感受到你的尊重，会让你有更好的人缘。

一个人只有多考虑别人，别人才会多考虑你，人际关系才会更和谐。

◎ 我早就知道

在人际关系中，有类人特别讨厌，在别人需要帮助的时候，他们躲得远远的，一旦别人吃亏了，他们则马上成为事后诸葛亮。

一句"我早就知道"，让人特别生气，你早知道倒是早说啊，为何非得等别人吃亏了才说呢？

他们之所以不说是因为自己无法做到早知道，只有等结果出现以后才知道，不过他们沉迷于早知道的快感当中，好像自己真的是料事如神。

不要觉得你说"早知道"别人会对你竖大拇指，实际上他们会对你这种行为讨厌至极。

当一个人吃亏后，最需要的是别人的安慰，而不是你幸灾乐祸的早知道。

任何时候都要知道，真正的朋友在你落难的时候，会用心给你安慰；虚假的朋友则会各种嘲讽、落井下石。

一个不懂得安慰别人，总想着在别人伤口撒盐的人是不会有好人缘的。

◎ 说句你不愿意听的

这句口头禅一旦说出来，自然就不是好听的话了。既然不是好听的话，那就不要说，没人逼着你非得说。

可有些人不仅会说，而且还会特意强调，好像只有这样才能显示出自己的真诚。

人与人相处的确贵在真诚，对方事情做得不好，作为朋友完全可以指出来，这样也会让他更好地进步，但没必要非得刻意强调。这种表达方式特别伤人，就算对方觉得你说得有道理，也会因为你的表达方式而难以接受。

你不愿意听的话别人自然也不愿意听，既然知道说出来会引起别人的不适，那还不如换一种说法，这样别人反而会更容易接受。

如果你不顾别人的感受，完全由着自己的性子说话，那么时间久了，就算关系再好也可能会变成熟悉的陌生人。

◎ 你怎么这么小气

在人际交往中，有些人明明和我们关系一般，但却总想着从我们身上索取。需要钱了，他们会第一时间寻求我们的帮助，如果我们痛快帮，自然没有什么问题；若是我们犹豫了，他们则会说我们太小气。

一般而言，说这句话的人特别自私。他们做任何事首先考虑的都是自己，当自己遇到困难了别人不帮就会阴阳怪气，若是别人遇到困难了他们会躲得远远的。

他们嘴上说别人小气，实际上他们比别人还小气，这样的人特别让人讨厌，如果别人不能满足他们的要求，他们还会背后说坏话。

一个人要想有好的人际关系，做人做事就不能"双标"，希望别人怎么样最好自己也能做到这样，只有如此，彼此的关系才不会受到影响。

◎ 这个东西很简单

当别人在工作或生活中遇到问题向人请教时，有些人在解决之前可能会冒出一句"这个东西很简单"的口头禅。

他们说这句话的时候或许并没有考虑太多，因为问题对他们来说确实很简单，但对方会特别不舒服，会觉得你是故意嘲笑他。因此，在人际交往中，别人的问题就算你觉得很简单也不要说出来，只需要放在心里就行了，这不仅是对别人的尊重，更是一种谦逊。

别林斯基曾说："一切真正的和伟大的东西，都是纯朴而谦逊的。"

别人请教的问题再简单，也不要说这句话，要做到谦逊，这样才能更好地体现自己的品格、教养和智慧。

一个人只有做到谦逊，才能拉近与朋友的距离，彼此才能和谐相处。

语言不仅是一门学问，更是一门艺术。一个人说的口头禅是自己心理的一种映照，可反映出自己的心理状态。倘若你想在未来拥有好的人缘，那么这些口头禅就尽量不要说，只有这样别人才愿意靠近你，你才会拥有更和谐的人际关系。

维持好的人际关系，不要这样做

人与人相处贵在用心，你对别人的态度决定别人对你的态度，在相处的过程中要知道什么可为、什么不可为，只有这样一段关系才会长久。

在人际交往中，很多人以为只要彼此的关系好就可以肆无忌惮，实际上并不是，关系越好越要注意，否则可能会摧毁这段关系。

关系越好越要懂得换位思考，当你要做这件事的时候可以换位思考一下，倘若自己都觉得为难，那么就不要去为难别人了。

德国诗人吕克特曾说："真正的友谊，无论从正反看都应该一样，不可能从正面看是蔷薇，而从反面来看是刺。"也就是说在人际关系中，不能有双重标准，自己做不到的事情也不要强迫别人，自己为难的事情千万别麻烦别人。

如果你想在交往中和朋友保持良好长久的关系，最好不要做下面的事情。

◎尽量不要借钱

人生在世，总会遇到不如意的事情，当我们遇到困难的时候自然想寻求别人的帮助，这个时候很多人都会向和自己关系好的朋友借钱。

这表面来看好像没有问题，但实际上是对彼此关系的一个破坏。因为一旦你开口了，被借的一方就会陷入两难的境地，不知道自己是借还是不借：要是借给你，一方面自己不宽裕，另一方面又怕你不能按时还；要是不借给你，又怕你觉得自己不够朋友，误解自己是小心眼。

这点莫晓晓深有体会，正是有了一次教训，她才明白这个道理。

莫晓晓有一个玩得特别好的朋友，她们虽不是亲姐妹但胜似亲姐妹。两个月前，朋友找晓晓借2000块钱急用一周，鉴于彼此的关系，晓晓二话没说就借给对方了——虽然她10天后要还信用卡，但因为朋友说只用一周，就没有考虑那么多。

可是到了第9天的时候，朋友还是没有还，这下晓晓有点头疼了，硬着头皮和朋友提了这件事，在她的催促下，朋友才不情不愿地还了这个钱。

事后，朋友不仅没有感激晓晓借给自己钱，反而到处说她的坏话，说她太小气，借点钱催命似的要。

当这些话传到晓晓耳朵里时，她并没有多言，而是果断把对方拉黑了，因为她终于知道对方是什么样的人了，这样的人是不值得用心交往的。

网友说："在这个薄情的年代，想要人对你念念不忘、能够刻骨铭心地记住你，唯一的方法就是借钱不还。"这句话虽然有些调侃，但也不无道理，因为很多时候我们没有借钱的时候关系还不错，一旦借了钱就很容易成为再也不相往来的陌生人。

◎ 别总想着占便宜

朋友相处讲究平等，你敬我一尺我敬你一丈，不要总以为付出多的朋友就是傻，实际上他们要比你精明得多。

你是什么样的人不需要多言，通过你的行为朋友就会看出来，倘若你总想着让朋友买单，那么朋友就会觉得你是一个喜欢贪小便宜的人。

任何时候都要知道，一个愿意抢着买单的人不是手里多有钱，而是相较于钱，他更看重这份友情，不想让这份关系出问题，想和你更好地相处下去

胡雪岩曾说："世上诸事，都有两面，这一面占了便宜，那一面就要吃亏。"一个喜欢占便宜的人表面来看好像是获利了，实际上丢失了更加珍贵的东西。

朋友从真心到陌生，真的不需要经历太多事情，只需要占几次便宜就够了，毕竟在这个世界上，谁也不愿意被占便宜，谁也不想当那个最傻的人。

◎ 不要暴露别人的隐私

生而为人，每个人都有自己的隐私，有的人会守住自己的隐私，有的人则会告诉关系特别好的朋友。一旦朋友把自己的隐私告诉你了，那么你就要好好替对方守着。如果你觉得到处传播没有什么问题，那么朋友很可能就会和你反目成仇。

笔者在网上看到过一个情感视频，感触良多。

女孩小A和小B是特别好的朋友，在小B的眼里小A是唯一值得

信赖的人。小B谈了一场恋爱，在这场恋爱里小B付出了太多，但最后男友却提出了分手。

因为绝对相信朋友，小B告诉了小A很多自己恋爱中的隐私，但没想到小A竟然把她的隐私毫无保留地外传了。

罗曼·罗兰曾说："交朋友并不是让我们用眼睛去挑选十全十美的人，而是让我们用自己的心去吸引那些志同道合的人。"

一个人是什么样的人，我们可能暂时不了解，但时间会给出最准确的答案，如果经过时间的考验你发现对方是值得交往的人，那么请好好珍惜；倘若不是，就算关系再好也要远离，这是对自己最大的保护。

漫漫人生路，愿我们每个人都能懂得交朋友的真谛，在相处的过程中尽量不要做让朋友为难的事情，唯有如此，彼此才能用心地相处一辈子而不是一阵子。

早明白这几条规则，才不会被困

世上最遥远的距离，不是山与海的距离，而是心与心的距离，最可悲的事是我拿出自己的真心，换来的却是假意。

我们这一辈子会遇到很多人，有人喜欢自然也有人讨厌，对于喜欢我们的人，要真心待之；对于讨厌我们的人，则选择远离。

白居易《太行路》曾写道："行路难，不在水，不在山，只在人情反覆间。"由此可见，人际关系是大学问，以下这三条社交潜规则，虽不是什么金玉良言，但你若是早知道，可能会少走一些弯路，让自己的人际关系更和谐。

◎事不做绝，话不说满

人在得意的时候，特别容易忘形，这时候一旦把事情做绝了，就等于给自己断了退路，等后悔的时候就晚了。

换句话来说，一个人的未来，人为占半，天意占半。天意顺时，你稍微努力就会取得事半功倍的效果；天意不顺时，拼尽全力也是事倍功半。

古往今来，真正聪明的人是不会把事做绝、把话说满的，他们懂得给自己留有余地。

笔者在网上看到一个小故事，挺有感触的。

有个小伙子是做烟酒生意的，因为事业的需要，他经常和酒店的采购员打交道。有一次，一个连锁分店的采购员赊账过了期限，小伙子便去催账，虽然对方的态度不错，但支吾了半天却拿不出尾款来。

小伙子特别生气，就直接把话说绝了，表示再也不想和对方合作了。小伙子还真把事情做绝了，那个采购员怀抱着歉意来过店里两次，但小伙子都拒绝见面。

这些事小伙子觉得没有什么，不承想天意弄人，一年后，这位采购员升职到了总店，负责全市店铺的烟酒采购。这个时候小伙子才开始后悔，因为所有连锁店的生意都对他关上了大门，一年损失几十万元。

倘若这个小伙子一开始不把事做绝，自然不会出现后面的问题，但他当时没有想这么多，以为对方不会对自己构成威胁，但没想到最终搬起石头砸了自己的脚。

晚清名臣曾国藩曾说："话不说尽有余地，事不做尽有余路，情不散尽有余韵。"

事实上真是这样，人生本来就是"三十年河东，三十年河西"。人有得意时必然有失意时，若是得意时你不把话说死，不让人难堪，给自己留下回旋的余地，遇事情自然不会被动。

◎ 当面说坏话，背后说好话

生活中，有些人总是当人面说好话，背后却说坏话，他们以为自己的行为神不知鬼不觉，实际上这世上没有不透风的墙。

一个人总是在背后说别人的坏话，时间短了可能没什么，一旦时间长了，别人自然就会发现。

这点，文娜深有体会。

文娜什么都好，就是特别喜欢背后说人坏话，公司来了新的男主管，她表面上和和气气，背后却说对方太娘了，没有一丝阳刚之气。她本以为没什么，但这话很快传到对方耳朵里了。因为这件事，对方总是有意无意在工作中给文娜穿小鞋，让文娜难堪。后来文娜实在受不了这种痛苦，只好选择了辞职。

说起这个事情，文娜特别后悔，早知道是这样的结果，绝对不会背后说人，这下好了，自己酿的苦果还得自己尝。

在人际交往中，真正聪明的人，是不会背后说人坏话的，因为他们知道这样做最终会害了自己。

人际交往中我们要知道，当面说好话有阿谀奉承之嫌，背后不经意间的赞扬才会让人感到真诚。简单来说，背后说坏话，有百害而无一利；背后说好话，则有百利而无一害。

一个真正聪明的人，不会背后说人坏话，让自己生活和事业受阻，只会背后说人好话，让自己未来的路走得更加顺畅。

◎不拿客套当真心

人与人交往自然免不了一些客套话，有些话你听听就行了，没必要上纲上线，若是你执意如此，只会让彼此的关系更尴尬。

几乎每个人都喜欢听好听的，皮肤黑的人希望别人说他白，个头矮的人喜欢听别人说他高，肥胖的人喜欢别人说他身材好。在社交中，别人一般都会顺着你说，他们知道好话好听，骂人不行。但他们这么说的时候，你听听就行了，若是当真就是自欺欺人。

这点，王斌特别有感触。

有次，他在街上碰到了老同学，他客气地约同学一起吃饭，本来只是客套一下，没想到同学当了真，竟然非得去，虽然最后他也去了，但心里特别别扭。

事后，聊起这个事情，王斌说："你说，世上怎么有这样的人，连客气话都听不出来。"

王斌说完后，笔者并没有答话，只是笑了笑。不得不说，生活中有些人就是这样，把别人的客套当真心，还美其名曰"实在"，但其实就是傻。

《鬼谷子·捭阖》中有言："审定有无，与其实虚，随其嗜欲，以见其志意。"这句话的意思是说，如果要考察断定对方的有无和虚实，就要随着对方的喜好和欲望来推测其真实意图。换言之，就是别被表象迷惑了，别把别人的客套当真了，否则不仅会让彼此的关系更尴尬，弄不好还会变成熟悉的陌生人。

生而为人，我们避免不了社交，但希望每个人都能知世故而不世故，历圆滑而弥天真，看清社交的本质后，把日子过得风生水起。

欺骗，会让人际关系变得更差

有些人走着走着就散了，有些情处着处着就淡了，为什么会这样呢？说到底就是不够重视。因为不够重视，就只剩下了欺骗，当谎言变多了，关系也就结束了。

刚开始，别人对你绝对信任，但你却不珍惜这份信任，甚至践踏这份信任，觉得不论自己怎么做对方都不会离开，其实这是错的。

对方之所以没有离开，是因为心还不够寒，若是彻底寒心了，自然会决绝地离开。

信任是人与人相处的基石，若是你亲手破坏了，就不要指望别人继续和你相处，因为被骗过就不会再相信，在他的眼里你也是不靠谱的人。

当对方把你看成不靠谱的人，这段关系还能维持多久呢？

◎ 欺骗，是难以言说的痛

人与人相处，真诚特别重要，你对别人怎样，别人也待你怎样，只有这样关系才能长久。若是你不这么想，总想着欺骗别人，那么结果会很糟糕，就算能和好，但也不可能如初了。

亲情也罢，友情也好，一旦有了欺骗，感情就有了裂痕，就算你再努力也很难修复。所以不要想着去骗别人，因为你能骗到的永远是对你无条件信任的人。

这点大鹏体会很深。

大鹏有一个修车的哥们，他们经常在一起吃饭喝酒，亲如兄弟，大鹏把对方看成自己最好的朋友，但对方并没有。刚开始，大鹏并不知道，要不是找他买二手车，大鹏还一直蒙在鼓里，以为对方是自己最好的朋友。

起因是前两年，大鹏手里没有多少钱，想买辆代步车，就委托朋友帮忙找一辆二手车，朋友自然是二话没说就答应了。弄到车之后大鹏非常高兴，还请朋友吃了一顿。

后来，大鹏手里有一些钱了，就想把旧车卖了买一辆新车，他怕朋友不好意思给自己的车出价，就换了别的车行。车贩子看了看车之后，表示不想收，大鹏问为什么，车贩子说："你买车的时候怎么不注意啊，这明显的是事故车啊，这叫我怎么收啊。"

当车贩子说完之后，大鹏蒙了，心想：这怎么可能是事故车呢？这可是朋友帮自己买的车啊，朋友怎么可能骗自己呢？

大鹏不相信，然后开着车又找了别人，当对方也说这辆车是事故车的时候，大鹏才恍然大悟。他本来以为朋友不会坑自己，就算价钱和市场上的差不多，那么至少车辆有保证，没想到自己花高价买了一辆事故车。

知道这个结果后，大鹏没有多说什么，慢慢地和那个朋友越走越远。

　　既然对方都不珍惜这段感情了，自己又何必珍惜呢？和这样的人做朋友只会让自己更痛苦。与其被骗得更深，不如果断离开，至少这样不会再次被欺骗。

◎ 欺骗别人，害了自己

　　很多人觉得欺骗别人自己占到便宜了，实际上并没有占到便宜；觉得暂时得到了好处，但实际上两人的关系变得很微妙。

　　当一个人对你有戒心了，就算你改了，不再欺骗了，别人也不会再相信你了，换言之你给自己贴上了不被别人相信的标签。

　　除此之外，欺骗别人不仅影响自己的信誉，甚至还有可能招来灾祸。

　　有一个富翁掉进湖里了，这个时候恰好有一位船家，富翁表示自己特别有钱，只要对方能救他，就给他1000两银子作为报酬。

　　当船家费了九牛二虎之力把富翁救起来之后，富翁竟然食言了，他只给了船家5两银子，表示这都给多了。

　　船家无奈，只能拿着银子走了。

　　后来，这位富翁又掉进湖里，当有人过来救他的时候，曾经救过他的船家对别人说："这人说话不算话，只知道骗人，还是不救的好。"

　　就这样，富翁因为欺骗别人而被淹死了。

　　虽然这只是一则寓言故事，但如果这位富翁能言而有信，还会被水淹死吗？

　　英国作家狄更斯说过："在你的人生中永远不要打破四样东西：信任、关系、诺言和心。因为当它们破了，是不会发出任何声响，但却异常痛苦。"

所以任何时候都不要去欺骗别人，若是你骗别人，那么最终受到伤害的只能是自己。

◎ 不骗人，才能走得更远

在这个世界上，每个人都不傻，之所以开始会被欺骗，是因为他无条件相信，但这个相信并不是无限度的，当被欺骗的次数多了，他自然会明白，会选择默默离开。

不要以为欺骗别人自己能占多么大的便宜，实际上是在透支你的人品，从你的行为上人家就会知道你是什么样的人：若是值得相处的人，自然会和你相处；若是不值得，人家就会远离。

人与人之间的关系其实很微妙，说牢固也能牢固，瞬间断了也就断了，至于到底什么样的结果，完全取决于你的做法。你欺骗别人就不要怪别人离开，因为是你先让对方寒心的，就不要怪别人。

一个人只有不骗别人才能走得更远，才能走好未来的路。也只有不骗人，时间长了，大家才知道你是什么样的人，若是你遇到困难了，甚至不用说话，对方都会主动来帮助你，因为在他看来你是值得被帮助的人。

任何时候都要知道，我们这一生只能骗到对自己无条件信任的人，若是对方对你无条件信任了，就要对得起对方，好好珍惜这份信任，因为失去了，就真的再难遇到了。

人际交往中，这三种行为是大忌

人与人相处真的是一场修行，一个人是否值得相处，不用多言，通过其行为完全可以看出来。值得相处的人，行为多半是好的；不值得相处的人，大概率是坏的。和行为好的人相处，如沐春风，让人特别舒畅；和行为差的人相处，则如坐针毡，痛苦不堪。

有些人不知道天高地厚，觉得自己是最优秀的，他们说话聊天完全不考虑别人，不懂得站在别人的角度考虑问题，以为自己最聪明，实际上是傻的。

这样的人就算工作生活暂时顺畅，也早晚会遇到问题。

做人如尺，量人先量己。下面这三种最掉价的行为，没有最好，若是有请及时改变，否则最终会害了你自己。

◎ 自以为是

总有些人仗着自己肚子里有几滴墨水，就喜欢卖弄学识，他好为人师，以为自己很有威信，殊不知在别人的眼里就是一个小丑。

他们喜欢把自己当大人物看，觉得自己特别有本事，别人面上虽然会奉承几句，但实际上在心里根本瞧不上对方。

《平凡的世界》中，孙玉亭就是这样一个人。

早些年，老哥孙玉厚拼尽全力供他上学，之后他好不容易在钢厂参加工作了，但没想到因为作风问题被厂里开除，很快回到农村。

当时厂里给他面子，没有把事情告诉村里，因此他回到村里后成了先进典型，原因是他放着好工作不做，宁愿回乡务农。最终他还被村里选为贫管会主任。

这下，孙玉亭不知道自己几斤几两了，整天跟在村支书后面转悠，对任何事都指手画脚，好像双水村离了他就不行似的。

他虽然读了几年书，但目光短浅，看不清社会形势，当时国家很多地方都实行包产责任制了，但是他的思想还停留在旧时，觉得别人这是犯大错误。

真正厉害的人从来不会自以为是，他们从来不盛气凌人、傲慢无礼，懂得对别人尊重，会把自己放在一个极低的位置上。

莎士比亚说过："愚者自以为聪明，智者则有自知之明。"

事实上真是这样，一个自以为是的人根本走不远，人只有谦卑躬行，才能不断进步，才能更好地实现自己的人生价值。

◎ 心直口快

一直以来，我们都以为心直口快是褒义的，其实并不是，心直口快很容易得罪人，会让你的人际关系更加糟糕。

大壮就是一个心直口快的人，因为这个，他和最好的朋友决裂了。

刚参加工作的时候，大壮认识了一个朋友，两个人相谈特别愉快，对方告诉大壮说："你有什么问题直接说，不用顾虑。"说得特别豪气。于是，在接下来的相处中，大壮就真的"坦诚"了，朋友做错了事情，他会直接当面指出，完全不顾及朋友的面子。

后来因为一件小事，两个人的关系破裂了。

这件事本来是很简单的一件事，但是朋友没有处理好，为了朋友好，大壮直接说了让人不舒服的话。虽然朋友当时没有说什么，但很明显看上去有些不愉快，最后两人分开了。

心直口快表面来看好像是一种坦诚，实际上是很傻的行为，你可以心直口快，但你要让对方感觉到舒服，若是不舒服了，性质就完全变了。

人与人相处舒服才是最重要的，倘若不舒服了，即便是对的也可能是错的。

永远不要把心直口快当成是坦诚，因为真正的坦诚是做人要直，做事要曲：直是指做人内心坦坦荡荡；曲不是直接、无脑表达，而是采取迂回方式。只有这样，才能更好地和别人相处，从而有更好的人际关系。

◎炫耀显摆

有些人喜欢在没钱的人面前炫耀钱，在有病的人面前炫耀健康，在没有孩子的人面前炫耀自己的孩子。他们觉得这一切都正常，但实际上根本不正常；他们以为这完全没有什么，实际上对别人是一种刺激。

人与人相处根本不能这样，你是什么样的人无须多言，你的孩子是否优秀也不需要刻意说明。

有个人特别喜欢炫耀自己的孩子，左一个聪明右一个懂事，简直就是神童了。她特别喜欢和别人分享自己孩子的事情，殊不知没有人想听。在她的眼里，孩子真的太优秀了，从来没有坏习惯，即便有也是跟着别人家孩子学的。

爱孩子本身是一件好事，但炫耀真没必要。你的孩子只会和你有关系，他好也罢不好也罢都是你的孩子，别人不会争也不会抢。

人与人相处，无论炫耀什么都是很傻的行为，因为别人不仅无法感同身受分享你的喜悦，还会特别反感。

炫耀说到底是自卑的表现，基于想让别人看到自己的成绩，你以为别人会看，其实别人不想看也没有时间看。

作家亦舒曾说："真正有气质的淑女，从不炫耀她所拥有的一切，她不告诉人她读过什么书，去过什么地方，有多少件衣服，买过什么珠宝，因为她没有自卑感。"

一个人最大的魅力是能看清自己，他们会站在别人的角度考虑问题，低调而又谦卑，而不是炫耀显摆、自以为是。

若是你没有以上这几种行为，那么别人就愿意与你相处，人际关系也会更和谐，不是吗？

职场破局

打破职场困境，实现个人价值

职场上一定要主动些，再主动些。应该你做的，不要等别人来说，要主动去做；不是你职责范围内的事，也尽量主动去做，表示你愿意承担责任，有能力胜任更高要求的工作。

职场精英不会碰的几个禁区

职场如战场，一不小心就可能让自己身陷困境。在职场中一定要有所禁忌，老板招你是为了给公司带来效益，如果说没有效益，那么一切都是没用的。

很多职场精英深谙职场的规则，所以他们一定不会碰下面这几个禁区。

◎注意分寸，别刻意和领导套近乎

在职场中，领导和下属的关系是领导和被领导的关系，这一点必须清楚，无论你和领导熟悉到何种程度，都不要和领导套近乎，更不要开领导的玩笑，否则只能卷起铺盖走人。

一位分享者讲了一个自己的故事。

他们单位里去了一位新员工，刚开始领导特别赏识他，只要出去就会带着他，领导告诉这位员工自己把他当自己家兄弟看待，只要有问题随时找他就可以。

这位员工心里特别开心，觉得自己这匹千里马终于遇到伯乐了。从此以后，他似乎忘了自己和领导的上下级关系。有一次，领导带他谈业务，吃饭的时候，领导示意他敬个酒，当他敬完后，借着酒意对领导说："来，咱弟兄俩喝一个。"他说完这句话后，领导不明白什么意思，但脸色铁青。

同桌人笑着对领导说："公司是你们两个人的吗？"领导刚要回话，他又抢先说："我们两个不分彼此，他的就是我的，一家人不说两家话。"

这个时候领导脸色更加难看了，但是他还没意识到自己的错误，还在自说自话。

领导就是领导，永远不要零距离接触，更不要称兄道弟，否则只会断了自己的职场之路。一个人只有掌握好和领导相处的度，才会得到领导的重用。

◎ 学会相处，不要把同事当成知己

笔者看过一句话，深以为然："办公室里是用来工作的，不是来交知己朋友的。"事实上确实如此，职场是竞争激烈的战场，怎么可以把同事当成知己呢？

职场中遇到事情尽量自己消化，如果觉得某位同事特别不错，可以稍微深入了解一下，但不可以推心置腹，否则会搬起石头砸自己的脚。

张亮就犯了这个错误。

张亮一直相信职场有真朋友、有知己，所以工作的时候会特别真诚地和别人交往。张亮学历高，工作能力也突出，深得老板器重。所以给他开的工资比同级别的同事高。

但这几天，张亮被叫到了办公室，领导质问他为什么把工资透露给别人，导致大家纷纷要求加工资。领导的问话让张亮一头雾水，他只记得把这个事情告诉关系最好的同事了，并且同事向他再三保证不会说，没想到会这样。

张亮的朋友知道后对他说："你就是活该，职场如战场，你又不是不知道，领导给你单独加薪的事情你怎么可以说呢！这下好了，你别指望升职加薪了。"

在职场中，正确的做法是既不要把同事当知己朋友，也不要过度和同事疏远，否则会让你陷入孤立无援的境地，只需要把彼此的关系维持在一个良好的状态即可，这样才会彼此轻松。

◎ 别太狂，否则吃不了兜着走

有些人仗着自己工作能力出众，看不起任何人，甚至对老板的吩咐也置若罔闻。如果你能为公司创造价值，领导自然也不会太计较，但请不要太过火。

电视剧《逆流而上的你》有一个情节：刘艾谈了一个大单，如果当月自己组的业绩在第一，那么老板就会奖励他们组20万元，谈成这个大单后，公司开庆功会。在领导祝贺完后，刘艾说："要是我们再拿第一，别忘了兑现奖励哦。"

领导笑着说："着急什么，这不是还有一周吗，要是一周后你们是第一，我自然兑现。"刘艾特别狂地说："我觉得其他组没机会了，第一非我们莫属，我和你打个赌，要是有人超越我们，那么我就辞职，怎么样？"

刘艾说完，领导并没有说话。

本以为万无一失，但没想到还是被别的组超过了，面对这种状况，刘艾软下来求老板原谅。老板一副不在乎的样子，刘艾本以为老板原谅了自己，但没想到她的岗位被调整了，从业务经理变成了员工。

因为一时的狂妄，刘艾付出了惨重的代价。

俗话说："天狂必有雨，人狂必有祸。"身在职场千万别太狂，否则会付出惨重的代价，就算能力再强，也要低调谦虚，也只有这样才会得到领导的赏识，职场之路才会越走越顺畅。

◎办公室里的恋情，不要也罢

俗话说得好："兔子不吃窝边草。"但有些人就坚持不住，非得在同一个单位里寻找伴侣。他们由于工作太忙，没时间恋爱，以为办公室是绝佳的阵地，殊不知这等于害了自己。

领导请你来是工作的，不是来打情骂俏的，在办公室里谈恋爱势必会占据大量的工作时间，给公司带来的效益也会减少，领导自然不喜欢。

一个员工和直属上司谈起了恋爱，她的直属上司是个30岁出头的年轻帅小伙，因为在同一个办公室工作，时间久了，两人就相互有了好感。

那段时间，她满脑子都是这个小伙子，恨不得天天加班，因为只要加班，他们就能朝夕相处。下班后也会抓紧时间约会，她很高兴终于找到了自己的白马王子。

时间久了，公司肯定有一些传闻，于是帅小伙开始刻意疏远她。

她下班找他，对方也是爱搭不理的，彼此之间仿佛成了陌生人，她不明白自己到底做错了什么。

办公室恋情副作用很大，一旦处理不好，就会影响彼此之间的关系，甚至还会被辞退。所以作为职场人在办公室恋情开展之前一定要想清楚，自己是否能承受这个代价。如果觉得承受不了，那么干脆放弃。

职场没有我们想象的那么简单，所以在职场中一定要处理好各种关系，当你真正懂得了职场，那么就是你飞黄腾达的时候！

职场跳槽，该怎么做

一个人期盼更高的薪水并不是错事，毕竟每个人都想追求更好的生活质量和职业环境。跳槽也不是一件错事，但有这个想法后一定要做好善后工作，这关系一个人的职业素养。

如果你想跳槽，最好还是做好以下这几点。

◎ 离开前，认真对待工作

如果要跳槽，那么一定要认真对待现在的工作，这是一个大前提。

很多年轻人有了跳槽的打算后，开始有恃无恐，不把公司的事情当回事，采取有一搭无一搭的工作态度，这其实是完全错误的。

王华在一家公司工作做得还不错，老板对他也挺好，但是后来他遇到了更好的公司，因此便有了跳槽的意向。当得知对方也很满意自己时，王华开始在原先的公司里混日子。不是领导交代的任务没完成，就是工作文件没处理好，总之目前的公司他一百个不顺眼，一副唯我独尊的样子，心里总是想着：大不了这个月的薪水不要了。

面对他这种态度，领导并没有说什么，但态度明显有了变化。当他跟领导说自己要走时，领导没有半点挽留，他本以为自己的职业春天来了，没想到新公司也不要他了。

后来他才知道，现领导和自己准备跳槽的公司的领导认识，也就是说他一开始有跳槽的想法时，领导就知道了。

俗话说，离职见人品，如果一个人跳槽时不认真对待现有的工作，那么一定会得到惩罚，甚至你所处的行业里，没有一家公司敢要你。

◎ 认真交接工作，做好善后

跳槽，很可能是因为你对公司有误会或者公司和你存在分歧。但这绝对不是你拒绝交接工作或者随意甚至恶意交接工作的理由。

你可以不认可公司的理念，但既然还在这里做事，那么就要做好，更不要出卖公司的信息。

之前有一个新闻，说一名小伙子是一家公司的销售经理，当自己准备跳槽时，他把公司的一些客户资料都拷贝了，然后把公司的这些资料删除了。当公司发现这个事情后，把事情告诉了警察，要依法追究责任。小伙子悔不当初。

做一天和尚就要撞好一天钟，既然还在公司，就要好好做事。

谨记！公司的机密不要外泄，这是违法的事情。

◎ 千万别和老板闹得太僵

有些年轻人，只要有了跳槽的想法，就会迫不及待，甚至马上想让老板变成自己的"前老板"，这么做非常不明智。

人一般都是换工作不换行业，也就是说你可能还是在某一个领域工作。同一个行业中，老板们虽然彼此是竞争对手，但也是朋友，如果你执意这么做，只会让自己的口碑变差。

所以，就算跳槽是因为和老板有过节，也不要闹得太僵。

一个员工跳槽，原因是老板冤枉了他。当新老板问他以前的老板怎样时，他却没有半点不满意，一直强调是自己的原因，自始至终没说老板半句坏话。后来他才知道，新旧老板彼此认识，非常庆幸自己当时没有说旧老板的坏话。

没有老板喜欢员工说自己的坏话，他们会透过别人的嘴来了解，如果你是一个这样的人，职场之路很难走好。

◎ 沉住气，别太冲动

有些公司因为需要人才，会开出特别高的薪金，很多年轻人禁不住诱惑。其实，这不过是一些小公司惯用的一招。如果你太冲动，禁不住诱惑，那么一定会吃亏的。

在你没有彻底和当前公司断绝关系时，不要一听薪水特别高就激动得不行，一切事情，没有成功之前都是泡沫，只要你没有跟对方签订劳动合同，那么一切都是未知的。

为了不让自己吃亏，最好的办法还是冷静思考，多对挖你的公司做一些背景调查再做决定不迟。

有了跳槽的想法更不要表现得特别亢奋，如果让老板知道你身在曹营心在汉，若新的公司又不靠谱，那你就是赔了夫人又折兵。

作为一个职场人，千万不要因为一些不确定的因素而坐卧难安，一定要做好充分的准备，确保做到万无一失，也只有这样，才能更好地走好职场的路。

　　大家都是成年人，做任何事情都要三思，因为这并不是一份工作那么简单，它关乎你的未来，会对你的职业生涯产生巨大的影响。

职场遭遇辞退，该怎么做

◎ **随意解雇员工的公司，很难长久**

笔者看了一个新闻，感觉心有戚戚。

美国麦当劳快餐店正在随意解雇员工，有时解雇的理由仅仅是因为指甲过长或者笑容不够，很多员工说自己经常因为无端的理由被解雇，跌入失业大军的浪潮。

现年23岁的布伦纳·奥利弗在布鲁克林市中心的一家麦当劳工作了两年半，上个月，她突然遭到经理辞退，理由是她前一天缺席岗位。奥利弗说那天并非她当班，但经理仍然让她离开。

"我很难过，"她说，"快餐员工不应当受此不公，他们只有在充分理由下才能被解雇。"

但这些好像没用。如今，雇主的权力非常巨大，可以随时炒员工的鱿鱼，而且不需要任何理由，这确实让人难以接受。

突然想起一句话："人为刀俎，我为鱼肉。"参加工作，仿佛让自己置身于一块案板上，命运全部看老板的心情。

其实大多数员工想要的并不多，无非希望有一份工作，自己在工作中能得到应有的保障，而不是被莫名其妙地解雇。

　　有很多老板解雇员工的理由很奇葩，更有甚者会设置一套陷阱让员工自己钻进去，借此达到开除员工的目的，但这些公司注定不会长远。

　　好的公司会认真对待员工问题，努力妥善解决，只有员工心里舒服了，他们才会在工作中投入更大的激情，为公司创造更大的价值。

◎公司不想要你了，会有各种理由

　　林美通过网络招聘入职一家传媒公司，工作约3个星期后，被通知第二天到公司办理离职手续。第二天林美赶到公司询问，被告知原因是工作期间未发与公司有关的朋友圈。林美有些生气地问老板这个也算理由吗，没想到老板说这个理由足够了。

　　针对这个事情，一些网友说得特别对：其实就是公司不想要你了，加上你还在试用期，任何理由都可以辞退，这没什么大惊小怪的。

　　但下面这个案例更是让人大跌眼镜。

　　熊女士因质疑工资，在工作群说脏话后被踢出群并辞退。熊女士称，之前说好的是月薪3000元，11月发工资时只有1680元，心里非常不平衡，就说了句脏话，没想到被老总看到了。明明是克扣工资，反而把矛头指向熊女士，说她个人素质太低，就没有补发工资。

　　目前，熊女士已申请劳动仲裁。

　　事实上，当公司不想要你了，自然会想出各种办法来辞退你，不是理由的理由也会成为理由。作为员工，我们要懂得维护自己的合法权益，学会用法律保护自己。

◎ 面对职场不公，奋起反抗才能破局

最近看电视剧《逆流而上的你》，有个场景感触很深。

员工杨光是一名设计师，因为不愿意赚取黑心钱拒绝改设计图纸，老板想把他开了，但找不到一个正当理由，就把他调到销售部。杨光的性格根本不适合做销售，所以老板的做法大家都不理解。

当秘书反映这个事时，老板说："我故意这样的，这小子（杨光）肯定不会出单的，一个月内如果出不了单，那么我就把他辞退，这样别人也不会说闲话了。"

从拒绝改设计图纸那一刻起，老板就想辞退他了，只是没有合适的理由。

任何公司只要想辞退你，那么太简单了。一公司硬性规定：每名员工必须在一个月内走够18万步，也就是每天走6000步。除去周末休息躺在家，就是每天要走8000步。少一步就扣一分钱，如果一直被扣，有可能会被辞退。

正常来说，我们坐公交车或地铁去公司，来回顶多3000步，要是自己开车，也就1000多步。所以对于公司这个步数的要求，员工很难完成。

说到底，这些奇葩理由只因为公司不想留你了！你头发分叉会成为被辞退的理由，穿衣风格不合要求会成为理由。

在如今的法治社会，面对无故辞退，我们要怎么做呢？

1. 保留相关证据

在办理离职交接时，我们要尽量保留与辞退相关的所有证据，如辞退通知书、邮件往来、录音等。这些证据将在日后可能产生的纠纷

中发挥重要作用。

2. 签订离职协议

在办理离职交接时，我们要与用人单位签订离职协议。而且离职协议要写明双方的权利和义务，包括工资结算、经济补偿、竞业限制等内容。

3. 要求书面证明

为了确保自己的权益不受损害，在办理离职交接时还要让公司出具书面证明，证明自己已被辞退，以备日后使用。

4. 确认社保和公积金处理情况

在办理离职交接时，我们要向公司确认社保和公积金的处理情况，要让公司按照规定办理社保和公积金的停缴手续，并确保自己的社保和公积金账户能够顺利转移。

5. 恶意调岗

如上面举的例子，老板想辞退杨光，但是又不想赔付赔偿金，所以他选择给杨光调岗。这没问题，但是调岗的薪资比之前的低，员工有权拒绝。

而且调岗的前提是员工不胜任本岗位的情况下（或部门解散），如果不是因为部门解散等客观原因，我们完全可以拒绝接受调岗。如公司态度强硬，我们可以申请劳动仲裁，并向公司索要赔偿金。

作为成年人，我们承受着很多无奈，但我们不能以无奈为借口而委曲求全。职场中，穿好自己的铠甲，人生才没什么事能难倒你。

远离玩套路的公司

◎ 老板画的饼，不要也罢

在进入职场时，每个年轻人都怕被公司套路，可最后还是被套路了。

在应聘的时候，作为求职者的我们会下意识地把自己包装成一个面试官很感兴趣的对象，或者符合招聘条件的求职者。可这个时候，面试官也会下意识地包装自己的公司、团队。当你顺利入职的时候，突然发现一切都是套路。

赵鸣辞职了，他本以为自己会在新公司里大展拳脚，没想到还没坚持一年就果断离开了。

赵鸣对朋友吐槽，说："别提了，全都是套路。"在朋友的追问下，赵鸣道出了实情。

面试的时候，面试官告诉赵鸣他们新成立了一个部门，特别有发展前景，完全可以让他大展拳脚；不仅如此，团队特别年轻，非常有活力，只要好好干，半年后工资会直线上涨。赵鸣一听觉得非常棒，就果断入职了。

但入职后和面试说的完全不一样：所谓的新成立的部门就是一个最弱的、资源也最差的部门，发展不到半年，部门还夭折了；说团队年轻有活力，原来是同事根本没有工作经验，凡事都得靠他带头，把他忙死。

这还不是最气人的，说好工资会上涨，但一次也没，只要赵鸣一提涨工资，主管就说"年轻人要沉得住气，工资一定会涨的""好好干，公司绝对不会亏待你"这样的套话。

最后，赵鸣实在忍受不了，选择了辞职。

面试套路你的公司，一定没必要留，因为绝对不会用真心对你。

◎ 把老板的话全部当真，你就输了

作为员工，我们进入企业的目的是求财求发展，而老板创建企业的目的是赚钱，如果老板给员工的多了，自己赚的自然就少了，所以在职场中老板的套路比比皆是。

当你顺利入职一家公司时，老板会给你一些承诺，这个时候的你肯定会铆足了劲儿干。当你提出薪资要求时，他表面会答应，然后借口试用期工资低是要看表现，试用期结束，以你表现未达标为由降低你的正式工资。

这里存在一个问题：什么是达标呢？很多公司并没有相应的考核标准，是否达标全部在老板的话里，他说没有达标，你就是没达标，给你低工资似乎也很合理，最后你只能选择辞职。

在职场中，老板为了鼓励员工，从来不会吝啬自己的话语，比如："好好干，我会重点培养你。"倘若你一听这话就拼命干，那么吃亏的只能是你自己——正常工作即可，笔者的意思并不是说摆烂。

以前有个分享者就是这样，当老板跟他这样说的时候，他觉得自己的春天来了，每天都像打了鸡血。而实际上，工作了差不多两年也没得到老板的重点培养。

其实，这不过是老板的客套话，他们只是说说而已，绝对不会有实际的行动。

在职场中，不要以为老板都是满满的真诚，多的是套路。好老板也有，但那可遇不可求。对老板不要期望过高，这样当他没有达到你的期望时你也不会失望。如果觉得工作不适合自己了，那就果断离开，寻找最适合自己的工作。

◎ 想离开，不要心软

杨勇以前在一家移动互联网公司做运营，能力特别强，下面还带着8个人的团队。后来因为有别的事情便提出了辞职，但老板比较重视他，找他谈话谈了很久，所以他就没辞职，而继续在公司工作。

其实他已经下定决心辞职了，报告和工作交接文档都整理好了，结果老板跟他谈了很久的心，苦苦挽留他。他心软了下来，感觉老板很有诚意，又这么看重自己，所以决定再留下来试试，期待有一些改变。

没想到杨勇准备全力以赴的时候，结果竟然出现了戏剧性的变化：他留下来差不多过了半个月，公司人事部竟劝退他，让他主动离职。这时候他去找老板，老板避而不见。

当时杨勇很纳闷，但后来一想无所谓了，反正自己是要辞职的，也就很利索地办了离职手续。后来有同事告诉他，过了没两天，他们部门就来了一位新员工顶替他的位置。

职场经验就是：当你提出辞职，老板就已经知道挽留不了你了，这个时候他们往往会打苦情牌，有些人还会果断离开，但有些人心软就会暂时留下。

心软留下来的人殊不知，这个时候老板已经在物色别的人选了，只不过是让你暂时顶一下，当新员工来了，就会果断赶你走。

离职时要是心软，早晚会被套路。不要天真地以为老板会为你改变，他只会暗地里找人代替你。

◎ 多些真诚，少些套路

说起套路，笔者以前看过一个网络段子。

公司本来是下午5点半下班，但班车却6点半发车。很多员工因为不想挤公共汽车，所以就主动加班一个小时，6点半再走。到了6点半，刚想坐班车，突然又想起来再扛一个多小时，8点钟，公司就有特别丰盛的工作餐了。如果现在回家，还得自己做饭。想了想员工决定再主动加班一个小时。

到8点多，吃了饭，又想起公司还有一条规定：10点钟之后打车，可以报销。一想到自己一天干了十几个小时，真没有劲头挤公交了，只好回办公室再干活儿，10点钟再打车回家。

故事当然是假的，但这个公司和其他公司用的套路不同的是，大家愿意被套，因为它提供了很多方便。而有些公司的套路，除了你根本看不出以外，只会给员工画饼，许下的承诺一个也兑现不了。

很多时候，如果公司面试时和入职后的描述一样，那么我们会认真地在公司里做下去，毕竟大家需要吃饭。但有时候差距确实太大了，着实是逼着员工离职。

作为求职者，我们只想找一份适合自己的工作，能让自己的人生活得更精彩，也希望老板们多一些真诚，少一些套路。

在职场，玻璃心要不得

◎ 把自己看得太重，会输得很惨

有一次，笔者参加写作聚会，期间和人谈起玻璃心这个话题。

A说："我真的特烦玻璃心的人，要是这种人跟你一起做事，真是糟糕透了。"A是大型公司的HR，自己写职场经验公众号，粉丝很多。

原因是他们公司招了个新人，一个没经验的女孩，公司看中了她的薪资要求低，她看中了公司能培训新人。

但没想到，工作了一段时间发现，给她安排的工作她总是找各种理由和借口来推托。实在推不掉的话才做，但做出来的就没有一件能让人满意的。最可怕的是她从来不承认自己的问题，还总觉得自己做得挺好。她还玻璃心特厉害，你要是说她几句，还哭哭啼啼。

让她做个事情慢腾腾，自己搞不明白；让给客户打电话，腼腆得根本不敢；让写个产品材料，写得乱七八糟。这些问题她一点也意识不到，还经常怪领导不给她资源。

A说："你说这气不气人，领导还觉得我们HR不会干活。她不努力、玻璃心，还想要资源，这怎么可能呢？"

现实就是这样，有些人特别在乎面子，自尊心特强，根本不让说，但在职场中却毫无建树，注定会被淘汰。公司不是慈善机构，又怎么会养闲人呢？

其实，一个职场人，能力差点并不可怕，承认人与人之间的差距也不丢人，就怕不努力不上进还总是玻璃心，总是把自己看得太重，这点在职场中没有丝毫用处。

◎没有职场不受委屈

曾经有一件事上了热搜，一个网友发帖子说："老板跟我说话，我回复了一个'嗯'，结果被老板批评。"老板觉得这位员工做得不对，告诉他和领导和客户沟通不要回复"嗯"，而是"嗯嗯"，双字的，这是回复的基本礼仪。

这个网友心里非常不爽："我不能理解，月底就准备走人了。"他本想发帖寻求共鸣，没想到遭到网民一边倒的批评。有网友说："碰到这样耐心教你的老板算不错了，怎么还这么不知足呢！"

这个网友也没有做什么，只不过是回复了个"嗯"，那么为什么大家都批评这个网友呢？其实是因为大家觉得人在职场，最烦的就是玻璃心。

有些人就是这样，他们有很严重的玻璃心，受不了一点委屈，看不得一点脸色，听不了一句重话。只要老板批评，那么就想马上撂挑子走人，从来不考虑是不是自己的问题。

人在职场混，哪有不受委屈的？如果被说一句就觉得天塌了，这样的人根本不适合职场。

有句话说得好："在职场混，最怕你没有公主命，还一身公主病。"

这个世界现实得太残忍，你想过得更好，意味着你要加倍努力奋斗，克服玻璃心。

职场有时候很简单，上司也不会多和你讲情面，能干就留下，不能干就离开。职场不相信眼泪，所以很多时候你必须收起玻璃心，扛住事，也只有这样，你的前途才会更光明。

◎ 承受住压力，才有奇迹

在职场中，玻璃心的人大有人在。老板随便数落两句，脸上立刻挂不住了，恨不得马上辞职回家。领导稍微说得重一点，便会在办公室里哭哭啼啼，不知道的还以为受了多大的委屈。

不单是和老板，和同事之间的相处也是如此。如果你中午没叫他吃饭、拒绝他的一些想法，那么对他来说简直就像天塌了，总觉得背后有人给他捣乱。

这世上哪有随便的成功，谁的职场不委屈呢？有些人所谓的委屈，不过就是玻璃心在作祟。承受住压力，才能更好地混职场，扛住了事，世界就是你的。

人人都知道当能力还不足以支撑你的野心的时候，就应该静下心来学习。同样的道理，当你一文不值、一无是处的时候，你那颗易碎的玻璃心也没有人在乎。

你没有价值，公司又怎么会过多地关注你呢？

有些人，职场受了点委屈就哭泣，殊不知在职场，哭是最解决不了问题的。

◎ 职场抗挫力强的人，未来不会太差

那些有玻璃心的人都是把自己看得太重的人。面对老板的训斥、同事们的疏远，脸上直接挂不住，把自己当成核心，以为每个人都得围着自己转，这才是最大的错误。

小姑娘许洁就很厉害，主任脾气不好，经常会在办公室里训斥她，但是小姑娘一点也不在乎。每次被主任劈头盖脸训斥一顿，许洁出来还是笑嘻嘻的，好像她没有被训斥而是被夸赞了。

同事们都安慰她，小姑娘却说："这没什么，事情确实是我没做好，那么就应当接受这个结果。再说，主任能训斥我代表还信任我，至少还给我机会，否则早把我开除了。"

同事们真没想到小姑娘会说出这样的话。

一个抗挫折能力如此强的人，未来又怎么会差呢？有时候我们会抱怨，觉得自己运气不好，那是因为我们没有丢掉玻璃心，把自己看得太重了。

一个人如果不把自己看得太重，那么成功是早晚的事。那些能不带情绪做事的人，最后都成了牛的人。

360创始人周鸿祎告诫年轻人："人在年轻的时候应该让自己的心变得粗糙一点，能够承受各种痛苦，能够丢掉虚荣的面子，能够凡事不往心里去。"对此，笔者深以为然。

如果你能在职场中足够忍耐，丢掉虚荣的面子，知道自己到底想要什么，那么你的职场之路定会更开阔，不是吗？

职场中，把平台当本事是大忌

在职场中，很多人会陷入一个错觉：把平台当作本事。有这种错觉，只会自毁前程。

一个人的成功，能力当然很重要，但是平台也很重要，没有平台你就无法施展自己的才能；没有平台，别人可能直接不愿意搭理你。

因此，我们只有在好平台的加持下，才会有更好的职场。如若不然，你未来的路会走得特别艰难，更不用说实现自我价值了。

◎ 把平台当本事，你会输得很惨

生活中，大多数弱者会把平台的光环当成自己的本事。《佛像背后的老鼠》就讲了这样一个故事。

有一只老鼠，住在寺庙里面，非常得意，它既可以在各层之间随意穿越，又可以享用丰富的供品。最重要的是，它住在佛像背后，人们烧香叩头的时候都纷纷在向它朝拜。它迷恋这种被朝拜的感觉，一段时间之后就飘飘然了，觉得自己很高贵。有一天，一只饿极了的野猫闯了进来，一把将老鼠抓住。

"你不能吃我！你应该向我跪拜！我代表着佛！"这只"高贵"的

老鼠抗议道。

"人们向你跪拜，只是因为你所占的位置，不是因为你。"野猫讥讽道，然后毫不犹豫地把老鼠吃掉了。

职场弱者就像这只老鼠一样，以为自己是特别厉害的人，殊不知这些都是平台给你的，有了平台的加持，别人才会尊敬你，没有了平台的加持你可能什么也不是。

离开平台后剩下的，才是一个人真正的能力。我们在年轻的时候，可以靠平台，但千万别错把平台的资源当作自己的能力。

活在这个世上，如果你总是把平台的资源当作自己的能力，把平台的成功归功于自己的本事，那么你会输得很惨。

一个人仗着大平台拿来的资源，根本没什么好炫耀的，离开了这个平台，你很可能会一无是处。

◎ 不拿平台说事，才是真本身

知乎上有一个问题："在职场中，弱者和强者有什么区别？"

一个高赞回答说："弱者会通过平台刷存在感，强者则是通过本事获得别人的认可。"

电视剧《乔家大院》中的孙茂才，起初穷酸落魄到卖花生，后投奔乔家，为乔家的生意立下了汗马功劳，因此他在乔家有一定的地位。后来，他因为私欲被赶出乔家。孙茂才觉得自己离开乔家一样能混得很好，所以想投奔对手钱家，但钱家对孙茂才说了一句话："不是你成就了乔家的生意，而是乔家的生意成就了你。"最终孙茂才再次落魄。

很显然，孙茂才是一个本事不大的人，但他却错把平台当成了自己的本事，做事情总想和东家讲条件，当东家拒绝时，则以辞职要挟，最后偷鸡不成蚀把米。离开平台的孙茂才一无是处，根本没有人瞧得起他。

职场中有很多人会把平台当成自己的能力，这其实是很愚蠢的表现。真正的强者从来不拿平台说事，他们会用自己的本事创造平台；他们每去一个平台，都能让这个平台变得更好；他们不会把平台当成自己的能力，他们明白：离开平台，剩下的才是真正的自己。

别把运气当才华，别把平台当本事，才是一个职场人最大的明智。

◎ 把自己锻炼成金子，在任何地方都会发光

通过好的平台，工作游刃有余，那不叫真本事，当你离开平台后，剩下的才是你的真本事。

主持人窦文涛曾在《圆桌派》说过这样一段话："我的朋友99%都比我有钱。天天和这些有钱人在一起，以至于我以为他们买的东西好像也是我生活世界的一部分。总和有钱人在一起，听着他们几十亿上百亿地聊天，好像自己也有钱了似的。"

的确，有些人在大企业里一直谈着几百万上千万的项目，离开后才发现自己什么也不是。有些光环不过是平台给你的，一旦离开，这些光环就会消失。

换句话说，你以往的光环，不过是平台聚光灯下的沉淀物，当你离开的时候，就会发现人走茶凉。

你可能会抱怨别人对自己前后态度的变化，以为自己辛苦的付出

会让别人刮目相看，实际上真正让别人刮目相看的不是你这个人，而是平台。

如果离开后，你做得更好了，那么大家对你的态度会180度大转弯；如果做不好，别人怎么可能瞧得起你呢？

一个真正聪明的人，一定会认识到哪些是平台带来的福利，哪些才是自己真正的实力。在一个不好的平台上，他们会努力锻炼自己，让自己变成金子；在一个好的平台上，他们会如虎添翼，让平台和自己都发展到更高一个台阶。

原来，这才是职场中拉开差距的原因

◎职场中，自己不进步，别人的帮助是徒劳

苏苏在招聘平台招聘报社实习生时，有两位让她非常满意，他们不仅高学历，而且非常健谈，苏苏觉得他们一定是报社的好苗子。

由于求贤若渴，苏苏使出了浑身解数终于让他们加入自己麾下，他们很快成为见习记者。

对这两名实习生，苏苏和领导都非常满意，只要有采访任务，就会安排他们和老记者一同前往。苏苏想尽快把他们带出来，给报社注入新鲜的血液。

实习生A家庭条件并不好，面对报社微薄的实习工资，感觉捉襟见肘，慢慢地，抱怨的情绪越来越严重，领导安排的工作总是应付了事。

看到他状态不对后，苏苏跟他进行了一次谈话。在一个夏日的午后，苏苏单刀直入地问："为什么要自暴自弃，你知道这个机会有多难得吗？"

A苦笑着说："我连生存都解决不了，何谈生活和梦想。"

后来，苏苏委婉地和领导说了这个事，领导表示可以提高点工资。当苏苏以为终于解决了A的后顾之忧时，没想到结果依然很糟糕。在单位里，A找不到自己的价值，每天按部就班地完成领导布置的任务，没有丝毫的主动性，甚至没有取得半点进步。

相比之下，实习生B的工作态度就很棒，虽然有时候领导并没有交代他什么任务，但B会主动要求。他一次次地跟领导汇报自己的奇思妙想，不论在采访方面还是选题策划方面，都不错。

有次领导让A和B去采访一件事，当A交稿的时候，领导觉得不错，因为A不论在语句上还是逻辑上都非常出色。但当领导看到B的稿子时，心里更加喜欢，他觉得B直接把新闻写活了，无论是从事件本身还是可读性上，都无可挑剔。

一起进入职场，刚开始水平能力也差不多，但为什么最后的结果完全不一样呢？

通过了解，苏苏终于知道了造成差别的原因：在采访的过程中，A只会局限于当事人，别的方面他丝毫不考虑，就是为了写稿而写稿。但是B在采访中会做大量的工作，不仅采访周边的人，还会查阅一些资料后才去采访当事人，因为这样，他获得了比较全面的资料，写的稿件自然是上乘之作。

在会议上，领导说："一个真正做事业的人绝对不会应付，因为他知道这份事业里藏着自己的未来，藏着自己光辉灿烂的人生。"

实习期结束后，A被淘汰了，B理所应当地留了下来。

◎主动性强的人，职场不会混得很差

心理学家研究发现，真正拉开两人距离的就是主动性，主动性很强的人一般都会获得自己想要的人生，但主动性差的却永远过着最低配的人生。

每个人的职场之路并不是固定的模板，我们要做的就是用自己的主动性去打破，从而让自己在职场里游刃有余。这点，小莫体会特别深。

小莫是个很漂亮的女孩，在单位里工作了三年，但比她晚来的同事都陆续升了职，她却原地不动，心里很不是滋味。终于有一天，她冒着被解雇的危险找到领导理论。她问领导为什么比自己资历浅的人都可以得到重用，而她却一直原地踏步。

面对她的提问，领导笑着说："这事我们回头说，现在我手头上有个急事，要不你先帮我处理一下？"

领导告诉她，有一家重要客户准备来单位考察，让她去问下何时过来。

接到任务后，小莫就马上去做了，一刻钟后她马上跟领导做了汇报，但小莫只给了一个简单的答复，对方几点到。

领导听完答复后，打电话把另一名员工叫来，对方比小莫晚到单位一年，现在已是一个部门的负责人。

当这名员工接到任务后，也马上执行了。过了一会儿，这名员工说："他们是乘下周五下午3点的飞机，大约晚上6点钟到，他们一行5人，由李秘书带队，我跟他们说了，我单位会派人到机场迎接。"

不仅如此，这名员工还说："另外，他们计划考察两天时间，具体行程到了以后双方再商榷。为了方便工作，我建议把他们安置在附近的国际酒店，如果您同意，房间明天我就提前预订。"

这名员工离开后，领导问小莫："知道原因了吗？"此时小莫恨不得找条地缝钻进去，她也终于明白自己为什么一直原地踏步了。

◎ 职场，忌讳不主动

为什么面对同样的机遇别人总会发展得更好？为什么上天给了你一次绝佳的机会，你还依然重复着低配的人生？其实，都是你的不主动正在慢慢毁掉你。

不要觉得不主动是一件很小的事，它关系你的未来。无论在生活还是事业上，我们都要多主动一点，多思考一点，唯有这样你才能过上高配的人生。

职场上一定要主动些，再主动些。应该你做的，不要等别人来说，要主动去做；不是你职责范围内的事，也尽量主动去做，表示你愿意承担责任，有能力胜任更高要求的工作。

心理学家说："人们之间的差距是从微小逐渐变大的，而考究这个过程的唯一标准就是一个人主观能动性的大小。"

职场之路并不好走，希望我们每个人都能做一个主动的人，这样职场之路才会越走越顺。